宇宙探索大揭秘

星际探索

赵冬瑶　韩雨江　李宏蕾◎主编

吉林科学技术出版社

阅读指南

人们永远对未知的事物充满了好奇。从伽利略发明了人类历史上的第一台天文望远镜开始，人类便开启了对宇宙的探索。由于好奇心的驱使，人类并不满足于现状，于是越来越多的天文仪器问世，它们变得越来越精准，终于在 20 世纪 50 年代人类借助宇宙飞船迈进了太空，实现了人类进入太空的梦想。在不久的将来，人类也许可以乘坐太空飞船实现太空旅行呢。本书将带你一起领略宇宙的浩瀚与神秘，书中生动有趣的故事将带给你不一样的阅读体验。

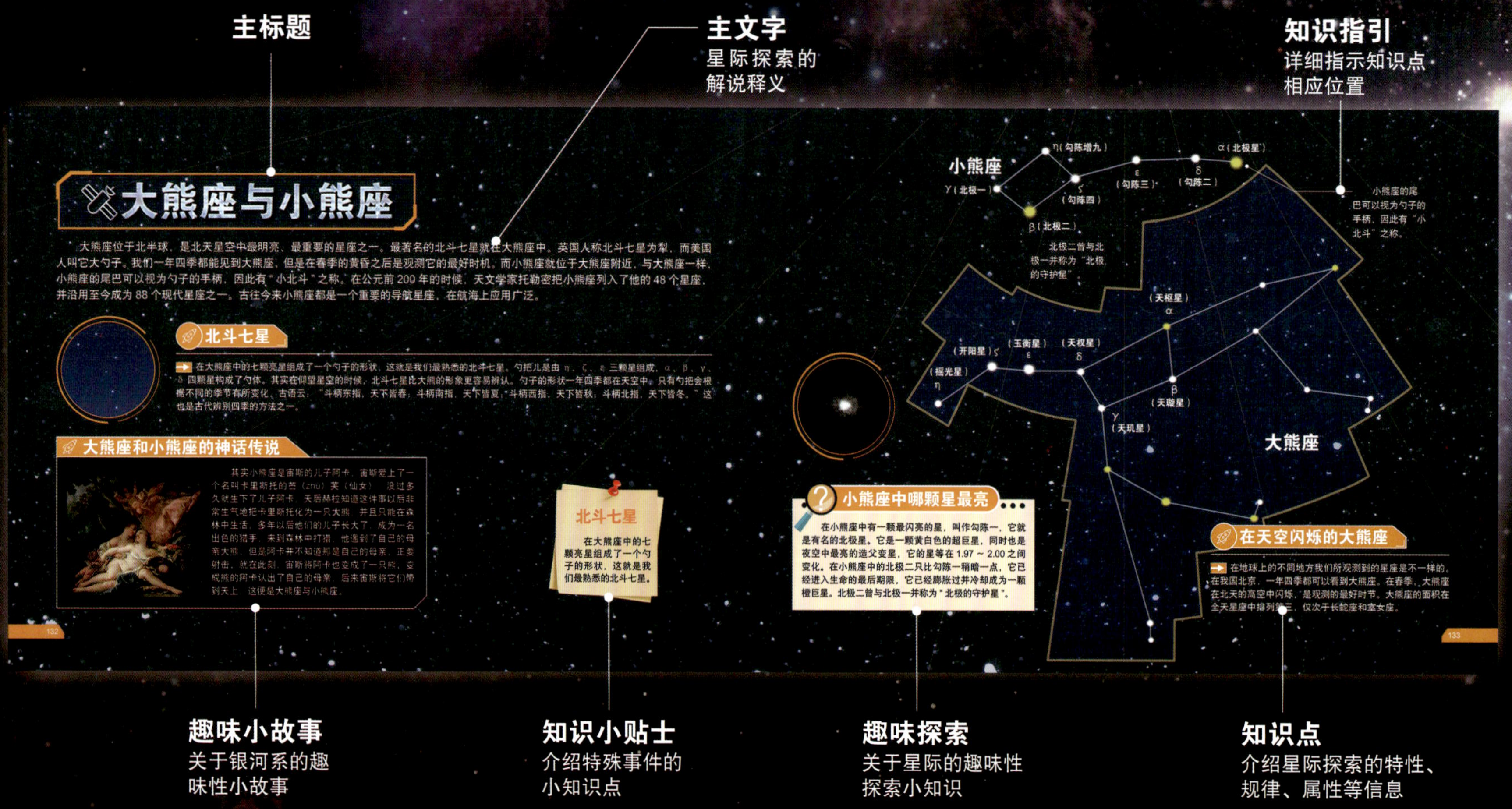

软件操作说明

1 下载《宇宙探索大揭秘》增强现实互动 App，根据屏幕上的提示，进入互动界面。

2 图书中带有“扫一扫”标识的页面，会有扩展的增强现实的交互体验内容。

3 将图书平摊，打开 App，进入扫一扫界面，对准图书中的内容，调整模型在屏幕上的大小，以便达到更好的识别效果。

4 在可见的区域内，通过远近距离的调整，能够多角度地观察增强现实所呈现的立体效果。

5 点击移动终端屏幕内的图标能够呈现不同的效果，360° 观看、结构剖析、原理动画等功能将在你的操作下同时得以实现。

目录

第一章 宇宙是什么

第二章 远望的“眼睛”

第三章 飞向太空

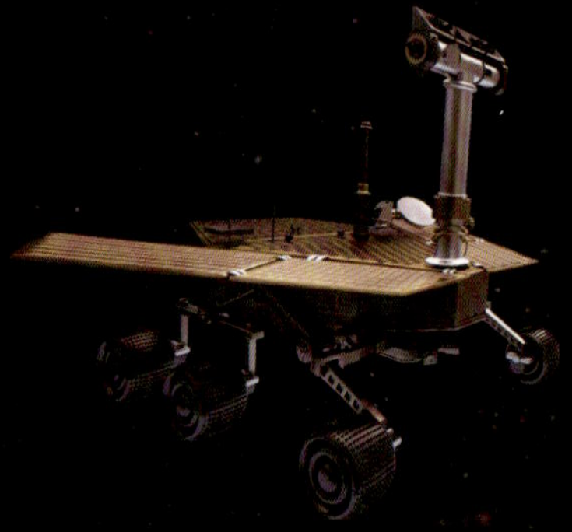

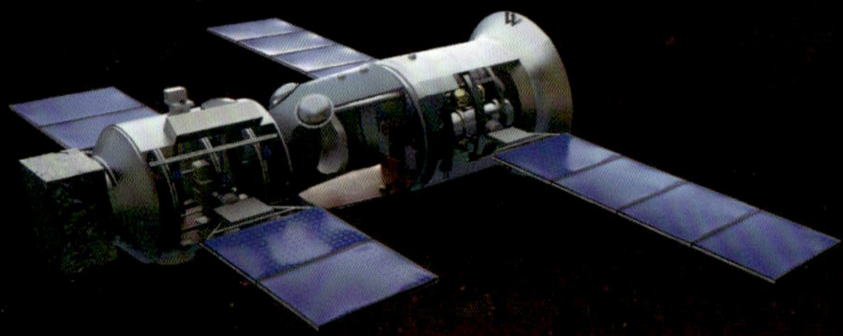

第四章 宇宙与人类

第六章 星座的传说

第五章 古人的宇宙观

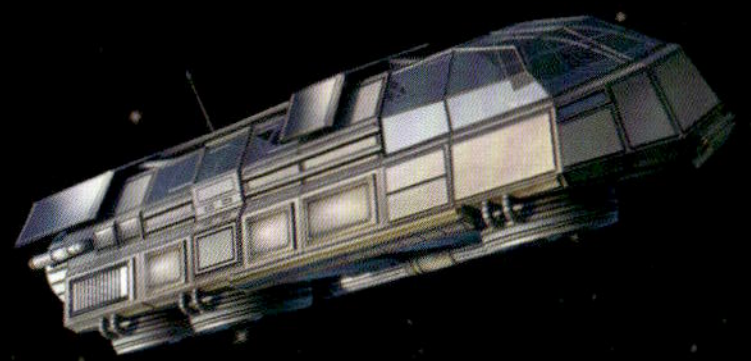

第七章 我们并不孤单

第一章 宇宙是什么

宇宙包含了世间存在的万事万物，从微小的粒子到结构庞大的宇宙网。宇宙中还包括不可见的物质和能量。那么宇宙是怎样诞生和发展的呢？宇宙又将如何终结？在本章中你将对宇宙有一个整体的了解，赶快翻开第一章和我一起来认识宇宙吧！

宇宙的诞生与发展

地球孕育了人类，人类文明也随即开启。人类开始对这个给予我们生存空间的超级载体萌生无限的好奇心，而后，经过了哥白尼、赫歇尔、哈勃从太阳系、银河系、河外星系的宇宙探索三部曲，宇宙学已经不再是幽深玄奥的抽象哲学思辨，而是建立在天文观测和物理实验基础上的一门现代科学。我们知道了太阳系、银河系、河外星系等组成宇宙的星体，也更为专注地向宇宙发起了探索挑战书。

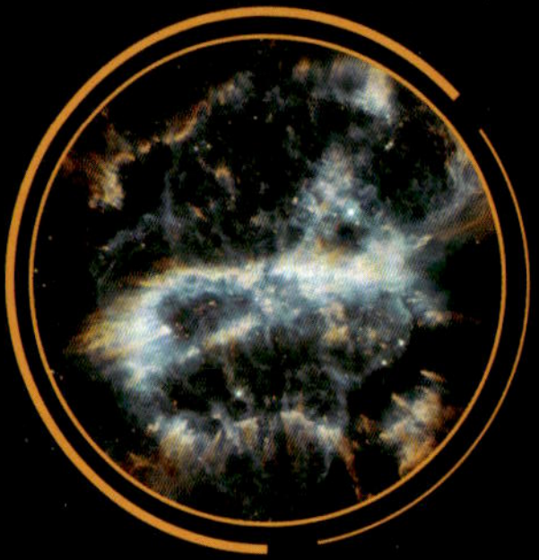

宇宙大爆炸

听到“爆炸”一词，一种“破坏性”的概念被植入大脑。但是对于宇宙，爆炸反而是它的生命的开始。大约 138 亿年前，宇宙内的物质和能量都聚集在一起，瞬间发生了大爆炸，大爆炸使物质四散出去，宇宙空间不断膨胀，宇宙中的所有星系、恒星、行星乃至生命也相继出现。这便是 1927 年，比利时天文学家勒梅特提出的“大爆炸宇宙论”。当然，这也是一种猜测和假说。

星云

什么是星云？它是尘埃、氢（qīng）气、氦（hài）气和其他电离气体聚集而成的星际云。人们猜测，恒星都是由星云中的物质“凝结”而形成的。星云的样子很像一团云雾，有些区域是近似真空的，有些区域形成了像太阳一样闪亮的恒星。宝瓶座耳轮状星云和天琴座环状星云都是比较著名的星云。

大爆炸之后

宇宙起源于大爆炸 138 亿年前。在大爆炸之后的 38 万年里，宇宙温度下降到 3000℃，原子结构形成，宇宙开始透明，光子开始在宇宙中扩散，形成宇宙微波背景辐射。然后，在大爆炸之后的 2 亿年里，宇宙中的星云物质逐渐形成恒星。

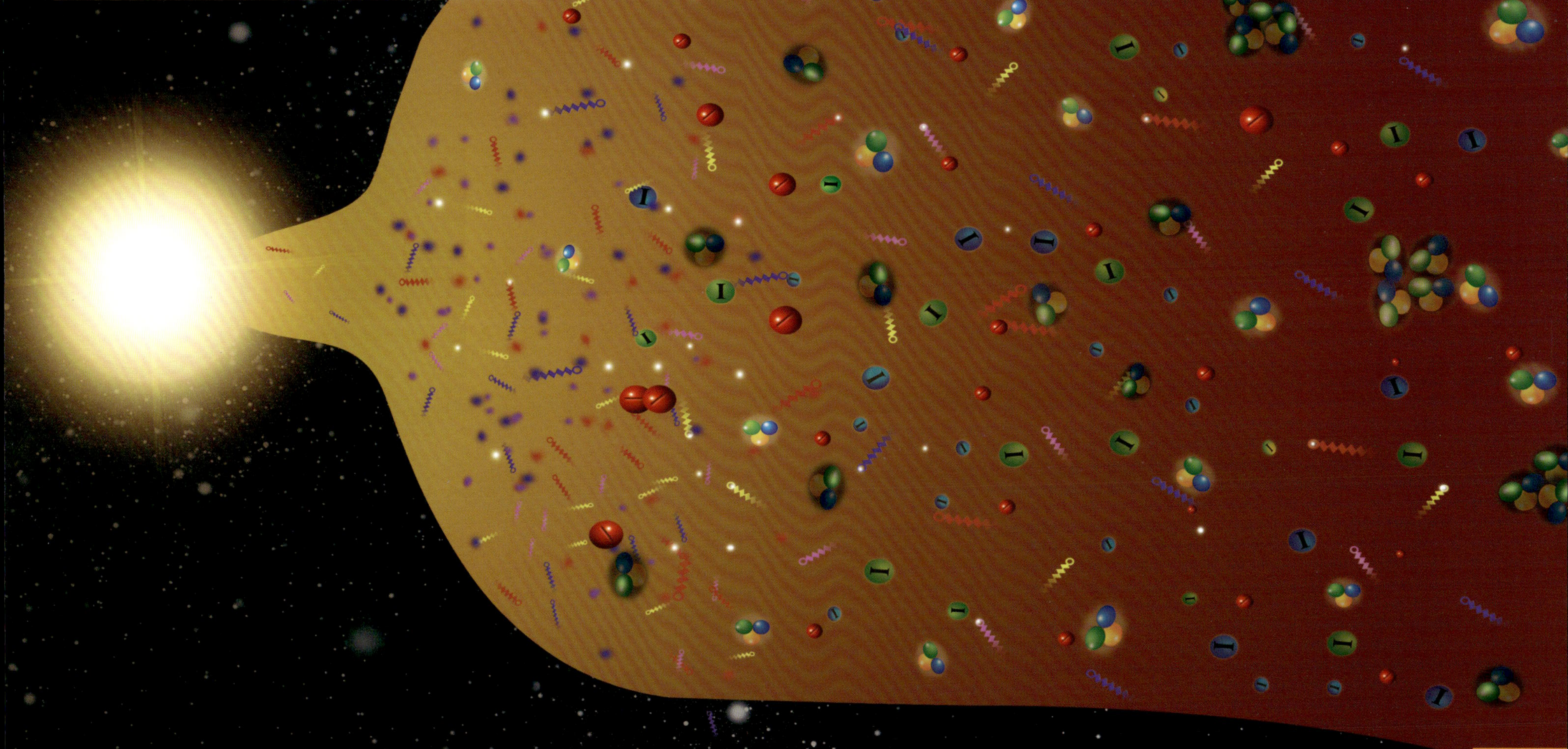

宇宙的终结

我们生活的地球只是浩瀚宇宙中的一种天体，它孕育了人类，人类有了感知，而我们对宇宙的探索欲从未终结，想向宇宙这个主宰生命的载体讨个确切的答案。人类为宇宙的起源注入了相对的科学依据，那么宇宙又将怎样拉开它的帷（wéi）幕？宇宙是在不断膨胀的，如果没有外力的存在，宇宙的膨胀应该是一个不断减缓的过程，但实际上宇宙却在不断加速膨胀，这确实是一个奇怪的现象。长此以往，恒星将失去能量，随着粒子的衰变，宇宙在很远的未来最终也将死去。科学界给出的宇宙消亡的假想状态有几种，其中最引人注目的有宇宙大冻结、大收缩和大撕裂，始作俑者“暗能量”悄悄操控着这场遥遥无期的终结。

大冻结

有一种假想的宇宙结局就是大冻结，也有一种说法叫作“热寂”。当宇宙中所有的恒星都不再发光发热，度过了主序星的阶段，变成了白矮星、中子星或者黑洞的时候，宇宙中所有的物质温度都将变得接近绝对零度，宇宙内部不再存在任何的能量传递和交换，这就是宇宙的大冻结。大冻结的说法认为，宇宙空间从此会永远地黑暗和冷却下去。

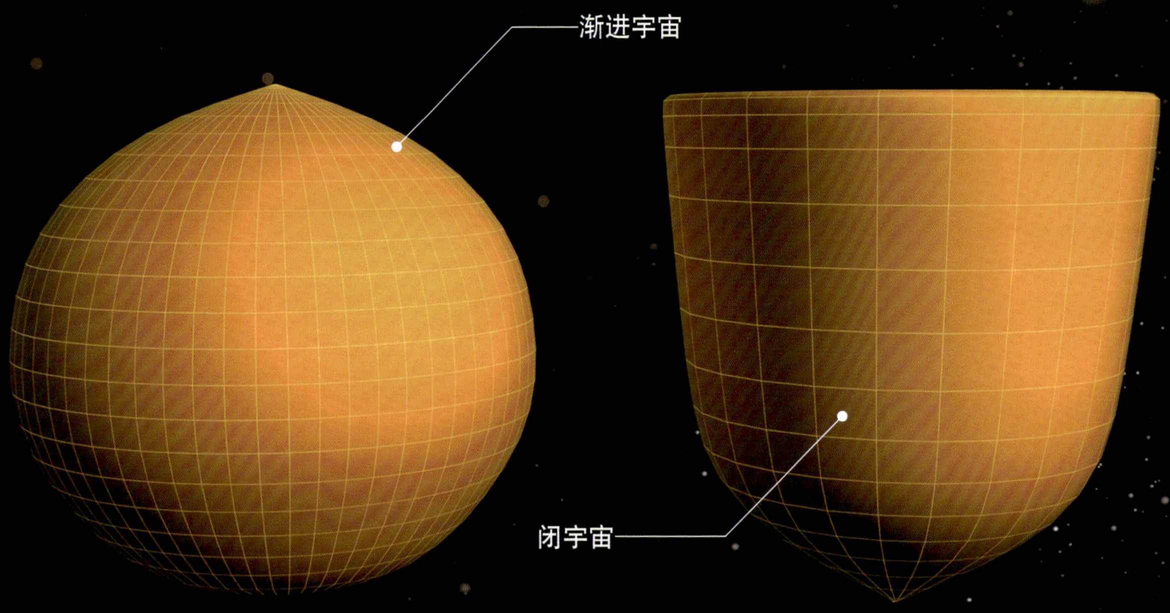

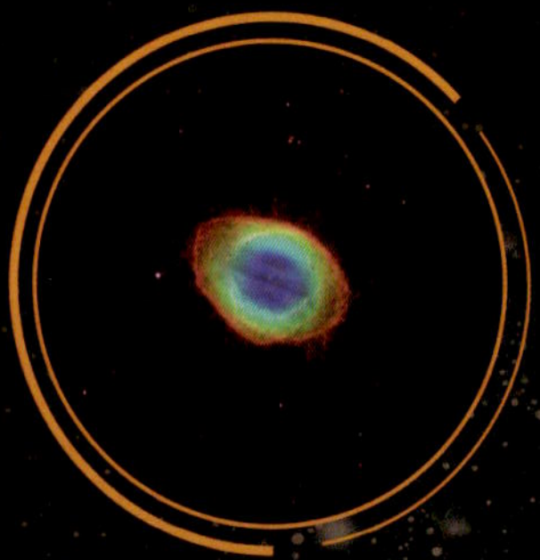

大收缩

宇宙的另一种假想结局是大爆炸的逆过程“大收缩”。宇宙最后将停止膨胀，由于星系引力作用，所有星系越聚越紧，最后形成一个紧密的物质团，从而摧毁宇宙中所有的生命。大收缩之后宇宙有可能重启，新的宇宙将诞生新的恒星、新的行星、新的生命形式，循环往复无穷无尽。

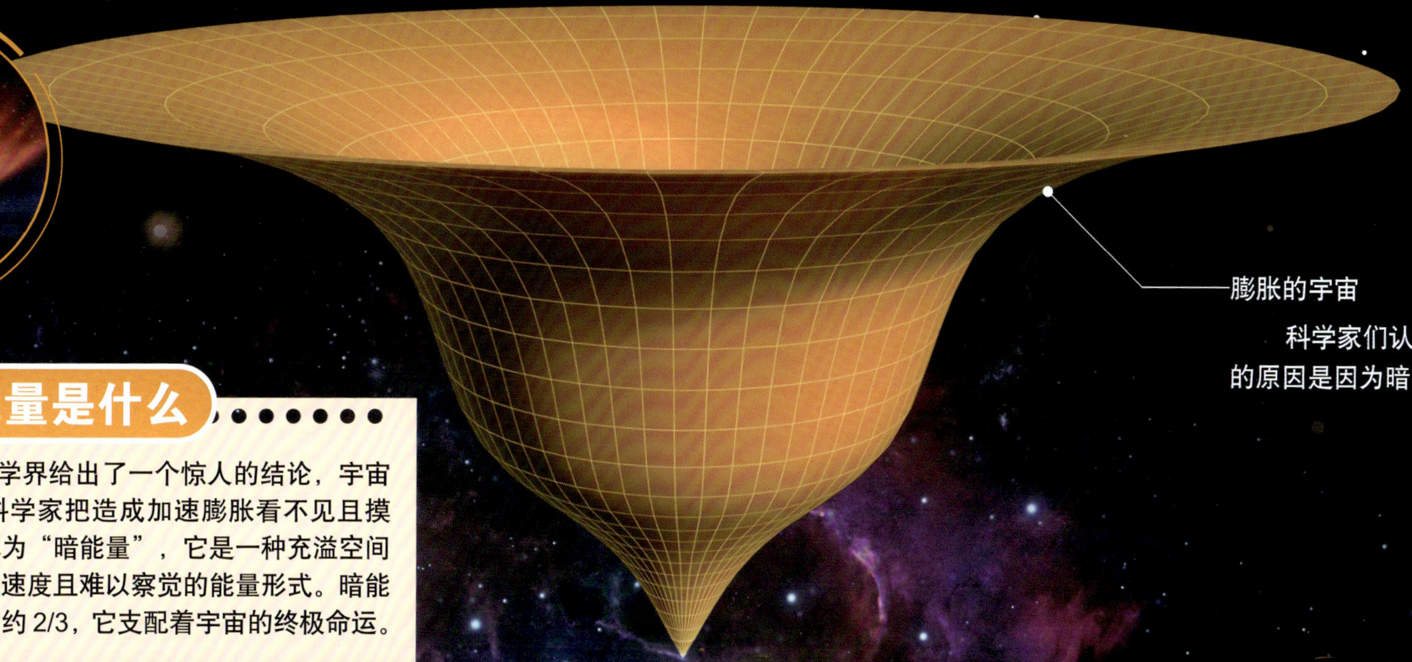

膨胀的宇宙

科学家们认为宇宙膨胀的原因是因为暗能量的存在。

暗能量是什么

1998 年，科学界给出了一个惊人的结论，宇宙正在加速膨胀！科学家把造成加速膨胀看不见且摸不着的幕后推手称为“暗能量”，它是一种充溢空间的、增加宇宙膨胀速度且难以察觉的能量形式。暗能量占宇宙总质量的约 2/3，它支配着宇宙的终极命运。

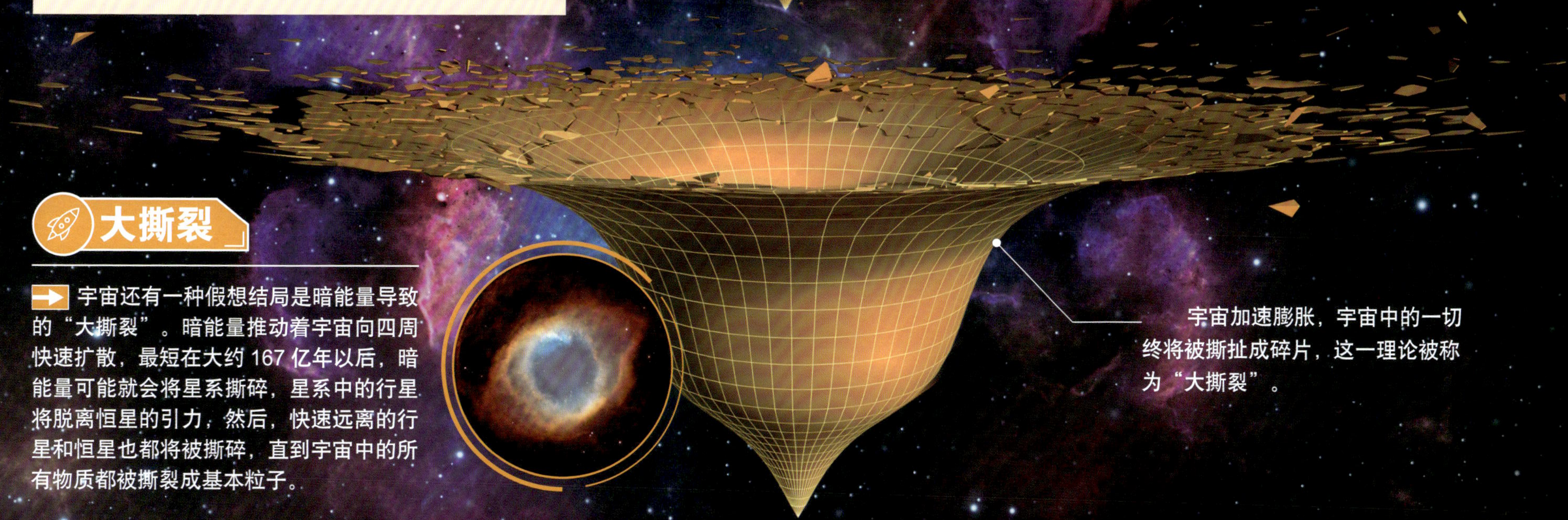

宇宙加速膨胀，宇宙中的一切终将被撕扯成碎片，这一理论被称为“大撕裂”。

大撕裂

宇宙还有一种假想结局是暗能量导致的“大撕裂”。暗能量推动着宇宙向四周快速扩散，最短在大约 167 亿年以后，暗能量可能就会将星系撕碎，星系中的行星将脱离恒星的引力，然后，快速远离的行星和恒星也都将被撕碎，直到宇宙中的所有物质都被撕裂成基本粒子。

多维宇宙

人类在漫长的探索宇宙的过程中，多维宇宙的概念渐渐被我们所认知。三维宇宙是指空间概念中的长、宽、高三个维度，无论是微观宇宙还是宏观宇宙都可以通过三维参数来描绘大小、距离和形状，人类就是属于三维空间的生物。爱因斯坦先后问世的《广义相对论》和《狭义相对论》中提出了“四维时空”概念，包括三维空间和一维时间。比如同样一个尺度大小的物体，昨天和今天的特性和位置可能就不一样，例如月球在运动，同一体积的月球昨天和今天在宇宙中的位置和在地球上的反光面积就不一样。用四维概念来描述宇宙事物，更为精确些。以此推论，再增加维数，还会更加精细地描述宇宙事物。

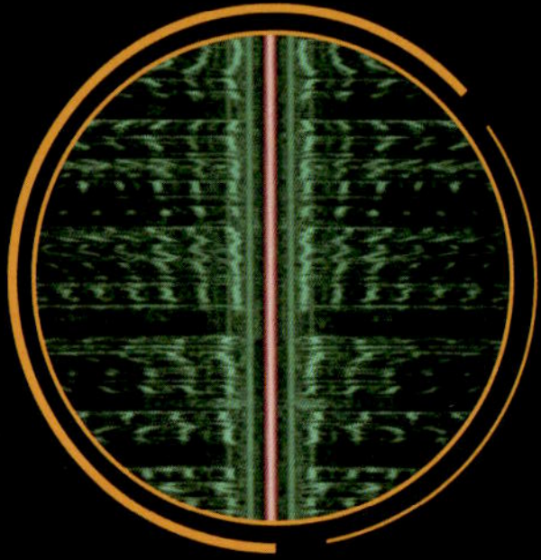

附加维

三维空间、四维时空所描述的都是可见的事物，对于不可见的事物无法描述，例如物体的场信息无法描述，能发出场波和无线电波的同样大小的物体特性不同；电视台发射塔在工作时的特性和不工作时的特性是不一样的，无线电波是不占有三维空间参数的，我们可以把无线电波看成是又一维事物，这便是附加维。

附加维的作用

不可见的附加维需要以三维空间为依托。如果把可见的三维空间理解为阳性事物，是粒子世界，那么附加维就是阴性不可见事物，是波场世界。具有无线电波的世界就可以用五维宇宙来描述。此外，区别无线电波的频率不同，特性不同，可以用六维宇宙描述；温度也可以作为一个新的维度，也就是说，完整的大宇宙和微宇宙只有用多维时空参数才能较精确地描述。

多维宇宙观

多维宇宙观能解释宇宙间的一切事物，包括各类星体特性、现象；也包括各类目前令我们困惑不解的怪异事物，像百慕大之谜、飞碟之谜、灵魂之谜等。宇宙是四维还是多维的，似乎取决于我们所描述的事物要达到什么样的深度层次，也取决于对宇宙的认识深度和对宇宙的描述详细程度。

三维宇宙

三维宇宙是指空间概念的长、宽、高三个维度。

四维宇宙

20 世纪爱因斯坦在三维的基础上提出了四维宇宙，增加了一维时间。

附加维

除了我们所熟知的四维之外还有附加维的存在。

如何理解维度和多维宇宙

想象一下，一只在直线上行走的毛毛虫只能前后移动，我们把直线或曲线叫作一维空间；一只阿米巴扁平虫在球面上前后左右移动，我们把平面或曲面叫作二维空间；一只鸟在空间上下前后左右移动，这个空间叫作三维空间；时间是四维时空下的时间维度，三维空间加上一维时间，合称为时空，可以说我们生活在三维空间中，也可以说我们生活在四维时空中。

宇宙中的力

现代物理学的发展让我们知道，一部分物质对另一部分物质发生作用时，一定会受到另一部分物质对它的反作用力，这就是物质间的相互作用力。支配宇宙的有四种基本力：万有引力、电磁力、强核力、弱核力。引力将我们固定在地球上，也可以确保太阳系结合在一起；电磁力，它点亮我们的城市，为一切电器提供能量；强核力和弱核力，它们都属于核力，核力使原子核聚集在一起，使得像太阳这样的恒星发光发热，为我们的生存提供源源不断的能量。这四种力可以解释我们周围的任何事情，包括机械、电器、火箭、炸弹以及行星、恒星和宇宙本身。

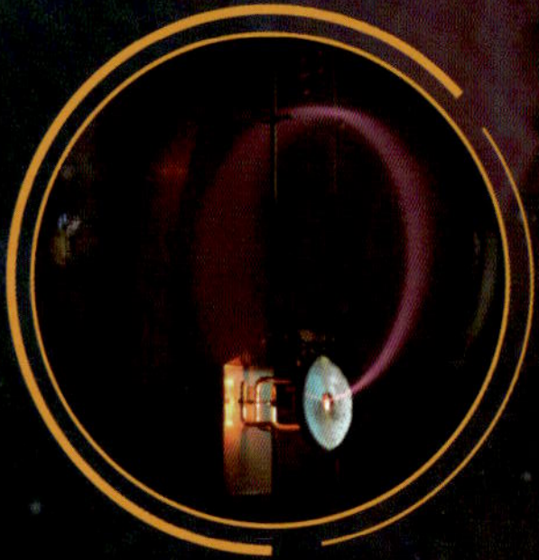

弱核力

弱相互作用力又称为“弱核力”，次原子粒子的放射性衰变就是由它引起的，恒星中一种叫氢聚变的过程也是由它启动的。放射性物质在衰变或破裂时释放热量，弱核力有助于加热地球深处的放射性岩石。这种热量反过来又驱动火山喷发，使得地球深处的熔岩到达地表。弱核力和电磁力一样常用于治疗严重疾病，放射性碘被用来杀死甲状腺肿瘤和某些癌症。当然，放射性衰变也是致命的，它曾导致切尔诺贝利核事故，由放射性衰变引起的核污染可能在数百万年内持续有害。

强核力

强相互作用力又称“强核力”。强核力是四种力中最强的，为恒星的燃烧提供能量。它能够创造出生命赖以生存的阳光，如果这种强大的力量突然消失，太阳会变暗，地球的温度会骤降，地球上的所有生命都会终结。氢弹的爆炸正是运用强核力的原理。当然，核力是一把双刃剑，完全取决于人类能否合理地运用，这也是人类在未来面临的极大挑战。

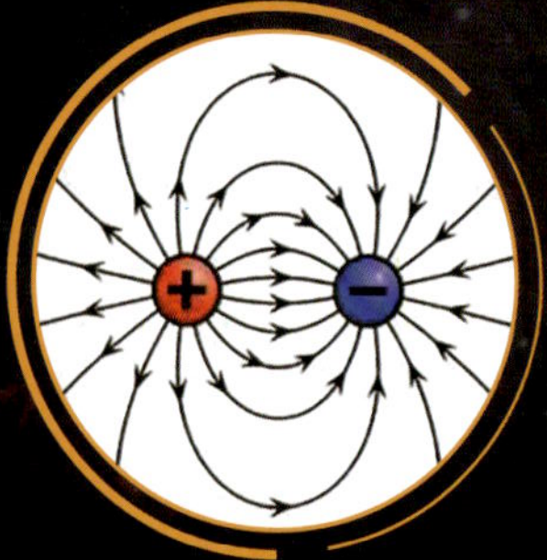

电磁力

19 世纪，迈克尔·法拉第、詹姆斯·克拉克·麦克斯韦以及其他科学家掌握了第二种强大的力量——电磁力，宣告了人类社会又一次伟大变革的到来。电力、磁力和光本身，合称为电磁力。现在，每当停电时，人们会突然意识到电磁力对我们有多么重要，例如交通一片混乱、家用电器停止工作、电梯停运、互联网断网、电动汽车不能充电等等 。自然界中的电磁力有多种形式，小到生活中的收音机、电视、微波炉；大到雷达跟踪飞机、军舰和航天器；激光也是一种电磁力，对通信、手术和复杂的防御武器系统特别重要。可以说，地球上一半以上的国民生产总值依靠电磁力。

什么是万有引力

“引力”是指两个物体之间的相互吸引的一种作用，这种作用是由它们的质量引起的。人们对引力的认识是从重物坠地开始的。1687 年，牛顿提出了“万有引力”定律。为什么说“万有”呢？宇宙间任何两个有质量的物体之间都存在相互吸引力。例如地球表面上的所有物体在失去支撑时都会下落，就是因为地球对它有引力作用的缘故。牛顿首次将其中一些看似不同的力准确地归结到万有引力概念里：苹果落地，人有体重，月亮围绕地球转等，所有这些现象都是由相同原因引起的。

宇宙的等级结构

在哥白尼时代人们认为太阳系就是整个宇宙，后来到了 20 世纪初期，通过观测，天文学家认为银河系就是整个宇宙。随着科学技术的不断发展，人们不断了解到，其实宇宙比银河系大得多，但是人类还并不知道宇宙到底有多大。我们通过现有的知识了解到宇宙存在着它特有的等级结构，它的分布并不是杂乱无章的。恒星聚集起来形成星系，星系聚集起来成为星系群或星系团，星系群和星系团聚集起来成为超星系团。

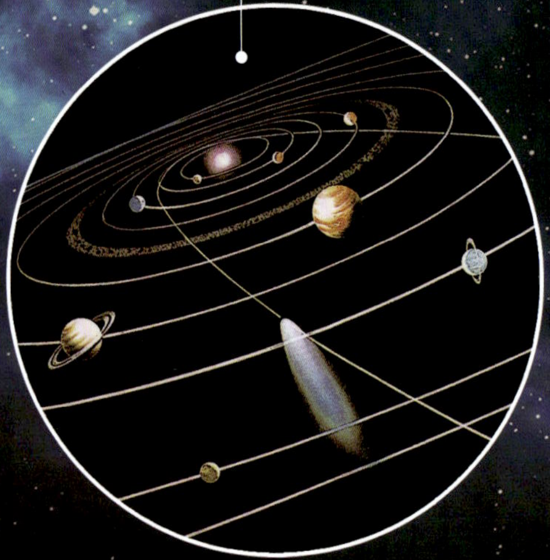

太阳系

银河系

局部星系群

恒星系

恒星系中包括了恒星、行星、卫星、彗星以及周围一切的尘埃、冰块、气体等。恒星也分为很多种类，而且有些恒星系中不仅仅只有一颗恒星，它们有可能是双星或者三星，例如半人马座南门二就是由三颗恒星组成的。

宇宙

宇宙的结构就像是一张复杂的网，它存在各种纤维结构和空洞。人们发现在宇宙中存在着星系密度极大的结构，它就像是由超星系团排列组成的长墙，被称作“宇宙长城”，它中间也有着星系稀少的区域，被称作“巨洞”。

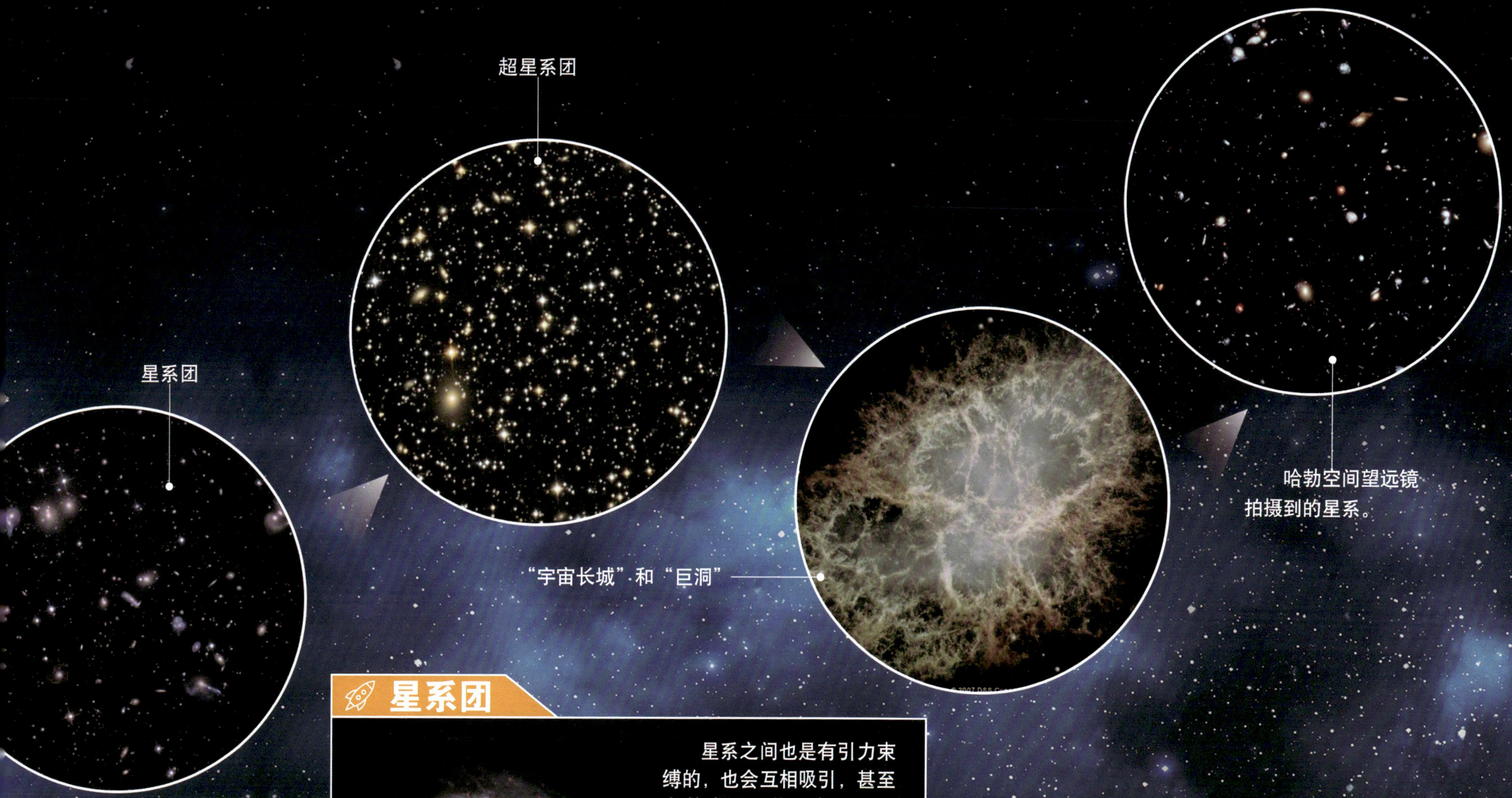

星系团

星系之间也是有引力束缚的，也会互相吸引，甚至合并成团。若干个星系聚集在一起就组成了更大的集团，叫作星系团或星系群。大多数星系团包含 100 多个星系，也有几千个星系聚集的巨大星系团，星系团和星系群再聚集起来就组成了更大的单位——超星系团。

星系

星系是由恒星等物质组成的巨大集团，它是一个相对独立的集团，是稳定的引力束缚系统。星系中包含了大量恒星和相当多的气体、尘埃、暗物质。它的形状多种多样，主要分为椭圆、漩涡、棒漩、不规则星系等。

第二章 远望的“眼睛”

对于神秘未知的宇宙，人们总是充满了好奇，想要一探究竟。为了满足自己的好奇心，从古代开始人们就发明了各种各样的天文观测仪器，只为探寻宇宙中更广阔的空间。发明的过程充满了曲折，这曲折的发展过程也让人们一点一点地揭开了宇宙神奇的面纱。随着望远镜的诞生，更多的天文爱好者能够亲眼见证宇宙的神奇，让我们一起来看看望远镜是什么时期发明的吧。

圭表和日晷

中国是世界上天文学起步最早、发展最快的国家。古人的天文知识不仅丰富，而且也很普及。早在5000多年前，中国就有了《阴阳历》，而历法就是基于天文学而产生的，到了商代时期，已经有了专门的官员负责天文历法，那时将闰月放在岁末，称为 “ 十三月 ”。中国拥有举世公认的最早最完整的天象记载，当然这些记载少不了天文仪器的帮助。中国古代制造出了许多精巧的观察和测量仪器，最古老的要数圭表和日晷（guǐ）了，它们都是利用日影进行测量和计算的古代天文仪器，圭表最为简单，出现年代很早，根据现代考古发现，在大约4000年前的陶寺遗址时期，就已经使用了圭表。日晷是在圭表基础上发展出来的，主要是用来定时刻的一种计时仪器。

圭表

圭表，由“圭”和“表”两个部件组成，和日晷一样，也是利用日影进行测量的古代天文仪器。所谓圭表测影法，通俗地说，就是垂直于地面立一根杆，通过观察记录它正午时影子的长短变化来确定季节的变化。垂直于地面的直杆叫“表”，水平放置于地面上刻有刻度以测量影长的标尺叫“圭”。在不同的季节，太阳的方位和正午高度不同，并且有着一定的变化规律，当太阳照在表上时，圭上会出现表的影子，人们根据影子的长度和方向来测时间、定方向、划分节令。以圭表测时间，一直延至明清时期。

正南正北方向与地面平行的刻板称为圭。

主表和日晷都是利用日影进行测量和计算的古代天文仪器。
日晷由铜制的晷针和石质的晷面组成，晷针垂直地穿过晷面中心，晷面安放在石台上，南高北低，晷面平行于天赤道面。

日晷

"日"指"太阳"，"晷"指"影子"。"日晷"的意思就是"太阳的影子"。日晷是一种白天通过太阳投射产生的影子测时刻的天文仪器，是我国古代较为普遍使用的计时仪器。晷面两面都有刻度，分子、丑、寅、卯、辰、巳、午、未、申、酉、戌、亥 12 个时辰，每个时辰又等分为"时初""时正"，12 个时辰是 24 个小时。日晷必须依赖日照，不能用于阴天和黑夜。因此，单用日晷来计时是不够的，还需要其他种类的计时器，如水钟，来与日晷相配。

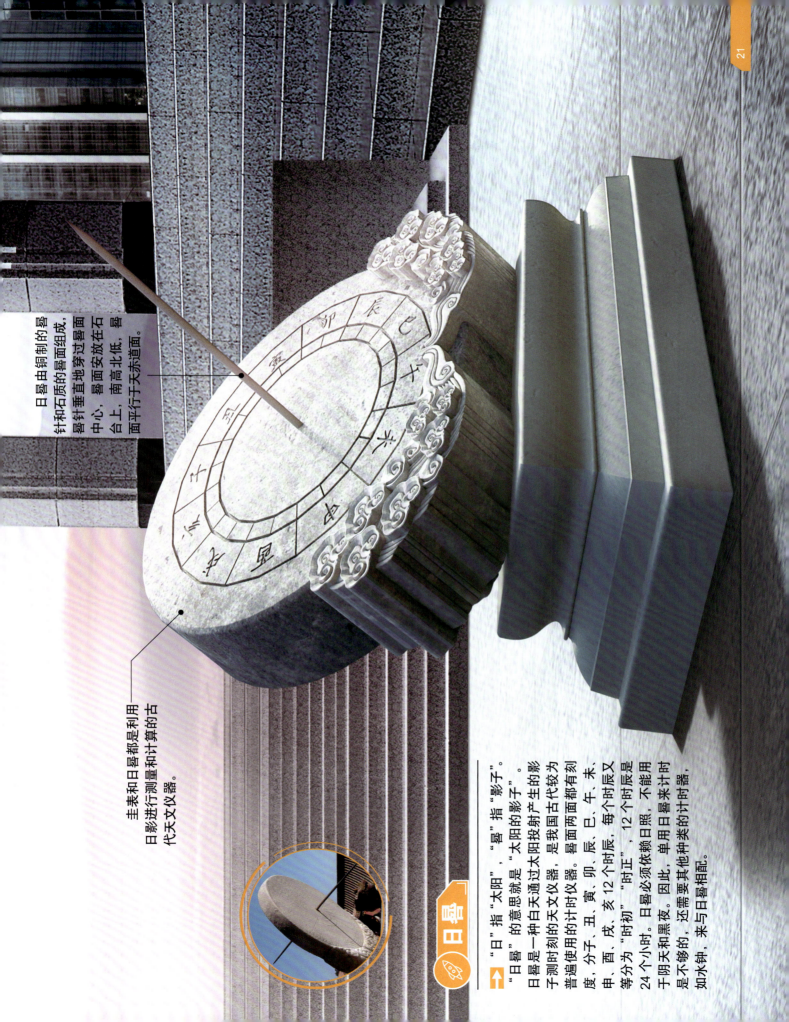

浑天仪

在我国古代有一种重要的宇宙理论叫作浑天说，《张衡浑仪注》（浑天说代表作）认为“浑天如鸡子。天体圆如弹丸，地如鸡子中黄”。天内充满了水，天靠气支撑着，地则浮在水面上。浑仪和浑象是一种观测仪器，正反映了这种浑天说，浑仪是观察和测定天体球面坐标的一种仪器，浑象是古代用来演示天象的仪表，浑天仪则是浑仪和浑象的总称。

扫一扫

扫一扫画面，立体图就可以跳出来啦！

傅安

东汉的傅安他在浑仪上增设了黄道环，以黄道来测量日月运动，他发现太阳的运动显得均匀了，而月亮的运动仍是不均匀的，由此得出结论并改进了历法，使人们更进一步了解了天体的运动。这就是我国历史上第一架黄道铜仪。

西方的浑天仪

根据文献的记载，西方的浑天仪出现在公元前 3 世纪，那时希腊的教学领域就开始使用浑天仪。希腊是哲学的起源地，也有资料说明，公元前 6 世纪，米利都的亚历山大发明了浑天仪。但被大家公认的，是公元前 2 世纪喜帕恰斯发明的浑天仪，因为他做出了非常细致的构造说明，并且用于实际观测。

张衡改进浑天仪

东汉学者张衡继承和发展了前人的成果，他改进并研发了新型浑天仪，浑天仪主体是几层可运转的圆圈，各层分别刻着内、外规，南、北极，黄、赤道，二十四节气，二十八列宿，还有星辰和日、月、五纬等天象。它运转的动力是仪器上的漏壶滴水，压力推动圆圈按照刻度转动。张衡是第一位将齿轮用于驱动浑天仪的科学家。

天球仪

中国天球仪的制作早在元朝时期就已经存在，球面上反映了地球表面的海、陆分布状；发展到明朝，朝廷制作的天球仪已经绘制了经纬网，标注了五洲；清朝时期，乾隆皇帝命人用纯金打造的金嵌珍珠天球仪，并参照了钟表的内部结构，该天球仪代表了清朝制造天球仪的新的发展，是我国古代制作成本最高的天球仪；发展到现代，天球仪模型已经能够购买到并作为教具被应用在教学中。

金嵌珍珠天球仪的由来

清朝统治者对西方天文学比前人更加重视，首先接受这种文化的是康熙皇帝。乾隆热衷于繁复华贵的钟表及奇巧的机械玩具得益于康熙皇帝的熏陶及培养。乾隆皇帝在位时，命令清宫制造了各种金银玉器、牙雕等稀世珍品，金嵌珍珠天球仪便是其中之一。

金嵌珍珠天球仪

金嵌珍珠天球仪的球径约 30 厘米，由金叶锤打的两个半圆合为一体，接缝处为赤道，球的两端中心为南北极，北极还有时辰盘。据乾隆年间的《仪象考成》记载，天球仪有三垣、二十八星宿、三六十八星座，一千三百三十颗星，同时球面还有黄道、赤道、银河、二十四节气。它采用赤金点翠法，以大小不同的珍珠为星，镶嵌于球面之上并刻有星座的名称。金嵌珍珠天球仪，反映出中国清朝时期高超的天文科技水平。

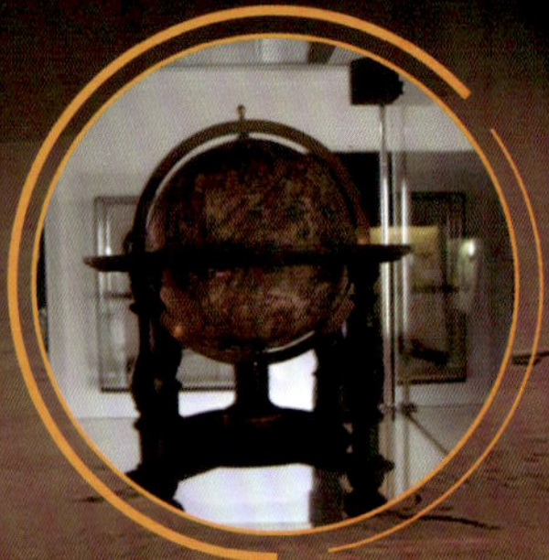

现代天球仪

天球仪不只是在博物馆里才能看到，我们也可以购买到。它的体积会被缩小，我们可以调整的变量有观测点纬度、观测日期和当天的时间。我们选定一个观测点纬度，并调整子午环到该纬度，然后我们确定想要观测的日期，就是在黄道环上找出代表这一天的位置，记作 Z，最后我们转动中空圆球，观察点 Z 的运动轨迹，就可以看到一年中的某一天里，在这一纬度太阳在天球上是如何运动的了。

天球仪的作用

地球围绕太阳公转一圈为一年，地球自转一圈为一天，天上星星运动产生了很多天文现象，它使地球有了昼、夜、节气、极昼、极夜、时差等。这些信息与人类的生活密切相关，为了更加了解这些现象，智慧的人们研制了天球仪，让生活变得更加有规律。

伽利略的望远镜

1609 年，身为数学和天文学教授的伽利略，正在威尼斯做学术访问，偶然听闻荷兰人发明了一种能望见远景的“幻镜”，引发他强烈的好奇，在证实了信息后他匆忙回到大学实验室，集中精力研究光学和透镜。次年，他改进望远镜，使放大率高达 33 倍，并把它指向了星空，首次对月面进行了科学观测。它就是世界上的第一台天文望远镜“伽利略望远镜”，它的诞生，使人类正式进入日月星空的探索之旅。伽利略望远镜的发明，是人类历史上一次非常重要的科技革命。

伽利略

伽利略是意大利伟大的物理学家、天文学家、数学家、哲学家。他发明了摆针、温度计及天文望远镜等多种有意义的工具，在科学上为人类做出了巨大贡献。是近代实验科学的奠基人之一，享有”观测天文学之父”“现代物理学之父”“科学方法之父”“现代科学之父 ”的美誉。

天文望远镜观测成果

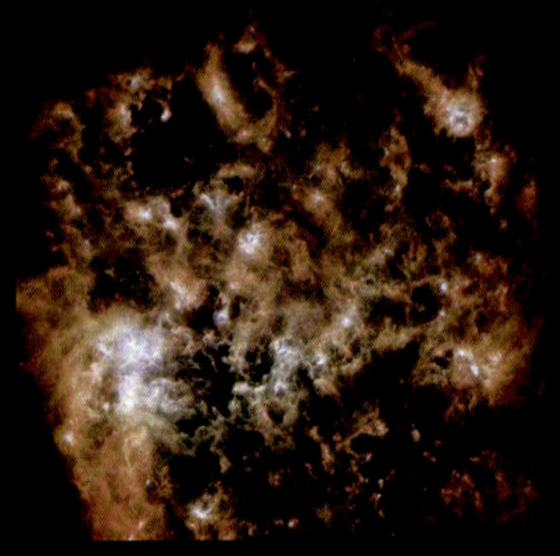

伽利略先观测到了月球的高地和环形山投下的阴影。1610 年 1 月 7 日，伽利略发现了木星的四颗卫星，为哥白尼学说找到了确凿的证据。借助于望远镜，伽利略还先后发现了土星光环、太阳黑子、太阳的自转、金星和水星的盈亏现象、月球的周日和周月天平动，以及银河是由无数恒星组成等等。这些发现开辟了天文学的新时代，近代天文学的大门被打开了。

伽利略望远镜如何成像

伽利略望远镜的物镜（凸透镜）是会聚透镜，而目镜（凹透镜）是散光透镜。光线经过物镜折射所成的实像在目镜的后方焦点上，这像对目镜是一个虚像。因此，该像经目镜折射以后就会形成一个放大的正立虚像。

伽利略望远镜的缺点

伽利略的望远镜有一个缺点，就是在明亮物体周围产生“色差”。“色差”产生的症结在于通常所谓的“白光”根本不是白颜色的光，而是由组成彩虹的从红到紫的所有色光混合而成的。当光束进入物镜并被折射时，各种色光的折射程度不同，因此成像的焦点也不同，模糊就产生了。

第一台天文望远镜

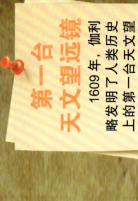

1609 年，伽利略发明了人类历史上的第一台天文望远镜。

早期的反射望远镜

最早的望远镜是折射望远镜，它有一个致命的缺点就是存在色差，天文学家为了解决这个问题，开始研制反射望远镜。牛顿曾认为，人们无法制造出能够消除色差的透镜，于是，他改用一种铜锡合金来磨制反射镜，制造出了第一架反射望远镜。这架望远镜用一块球面反射镜作为主镜，用一块平面反射镜作为副镜，口径3.3厘米，外形呈短粗胖，产生的物像可以被放大40倍。然而第一个提出这个设想的人却是苏格兰数学家和天文学家格雷戈里，只可惜他没有将想法付诸实践。随后又有不少天文爱好者制作出了新型望远镜，美国天文学家海尔在山上建造了一个口径508厘米的大反射望远镜，命名为“海尔望远镜”。这架望远镜极大地开拓了人类的眼界，使天文学又向前迈进了一大步。

望远镜上的今天

随着科学技术的不断提高，望远镜也变得更加先进。世界上著名的光学望远镜是位于夏威夷的凯克望远镜，它的口径有10米，由36面口径1.8米的六角型镜面拼接而成。日本人还在夏威夷建造了一座8米的望远镜，称为昴（mǎo）星团望远镜。

反射望远镜

反射望远镜镜筒短，矫正较复杂，体积较大，适合专业观测使用，一般初学者比较适合轻巧的折射望远镜。

第一架反射望远镜

牛顿在 1668 年制造出世界上第一架反射望远镜。

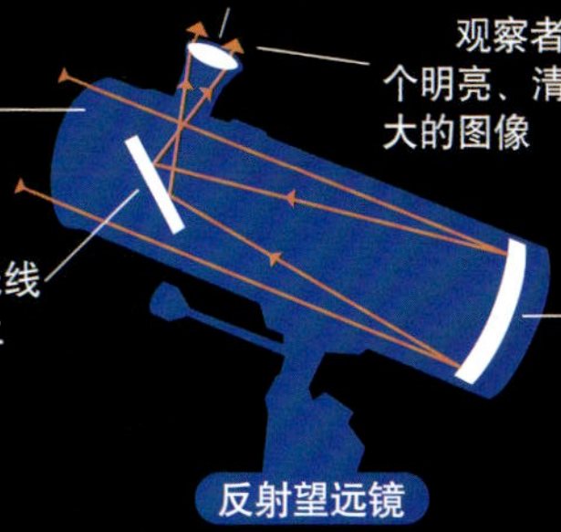

目镜放大图像
观察者看到一个明亮、清晰、放大的图像
让观察视野对准天空
副镜将光线反射到目镜上
主镜，聚焦比人眼更多的光线，并在焦点处成像
反射望远镜

第一架反射望远镜

1668 年，牛顿亲手磨制了一块凹球面镜，镜子为白色铜锡合金，镜筒是长 15 厘米的金属筒，平行光束投射在物体上会经过反射聚集在焦点处，就可以看到天体了，这一焦点称为主焦点，在主焦点前放置一个平面镜后，光线在目镜前聚焦成像，这一焦点称为牛顿焦点。这就是牛顿制作的反射望远镜。

现代天文望远镜

天文望远镜是观测天体最直接，最重要的手段，如果没有天文望远镜的产生和发展就不会有如今的现代天文学。最早的望远镜构造非常简单，只是由小小的镜片组成，整体也只有手臂大小，然而几百年后，望远镜已经变成了庞然大物，巨大的镜面需要用数以吨记的钢铁来支撑。望远镜的集光能力随着口径的增大而增强，所以望远镜的口径越大就能够看到更暗、更远的天体。随着天文望远镜在各个方面性能的改进和提高，现代的天文望远镜可以观测更加广袤（mào）的太空。天文学也得到了突飞猛进的发展。

大麦哲伦望远镜

大麦哲伦望远镜由 7 个直径 8.4 米的主镜镜片以甘菊花的形状组装在一起。这种设计令这台望远镜的聚光能力大大提升，成像清晰度达到哈勃空间望远镜的 10 倍。

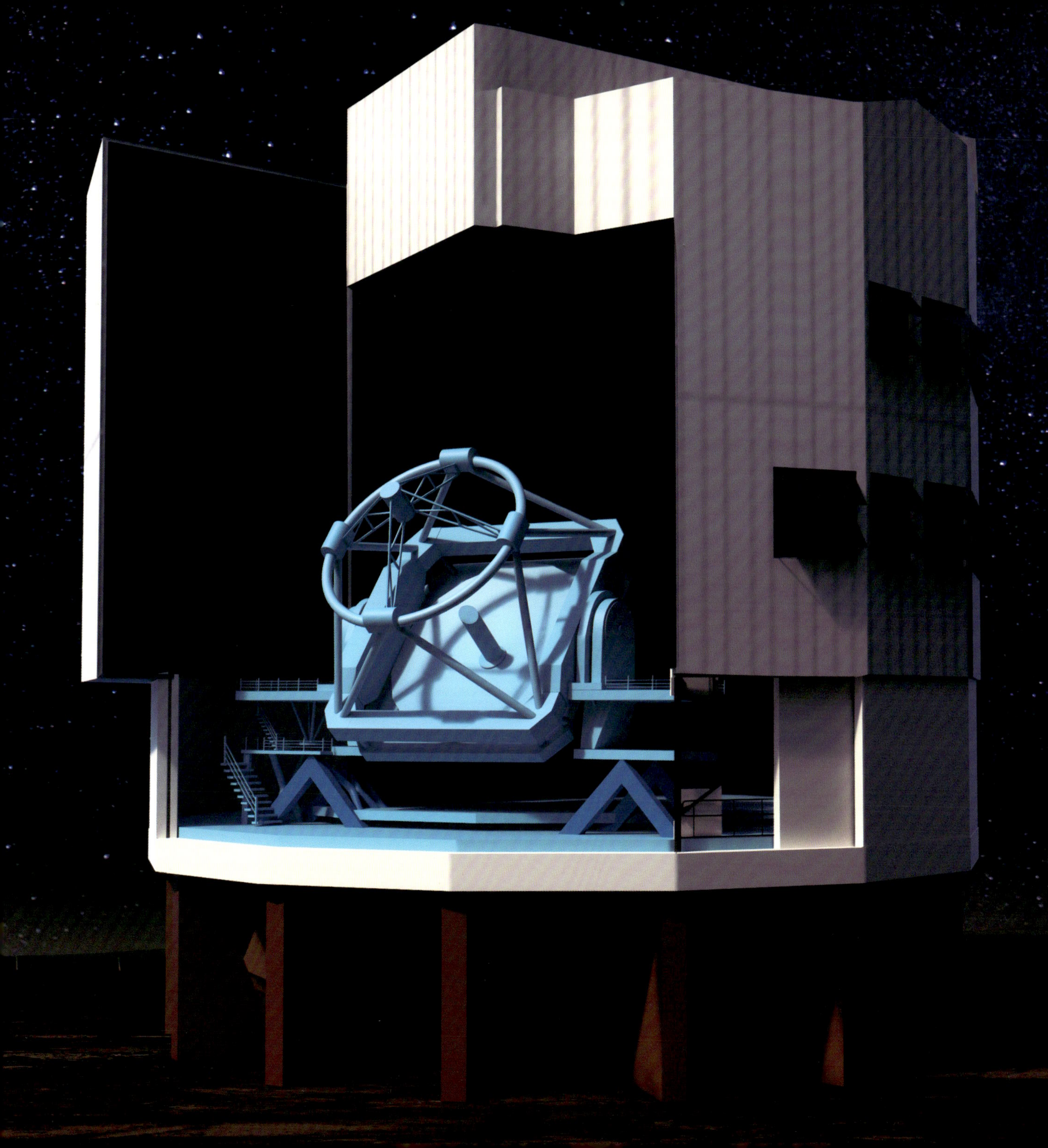

甚大望远镜

欧洲南方天文台建造的甚大望远镜位于智利阿塔卡马沙漠北部的巴拉纳尔山上。天文台上共有 4 台口径为 8.2 米的望远镜，都可单独使用。主要科学任务为探索太阳系邻近恒星的行星、研究星云内恒星的诞生、观察活跃星系核内可能隐藏的黑洞以及探寻宇宙的边际等。

射电望远镜

不是所有的星星都能发出闪亮的光芒，有些星星几乎不会发光，这些不会发光的星星要怎么观测呢？这是光学望远镜无法观测的，只能利用射电望远镜，通过观测星星发射的强大电磁波来监听宇宙的声音。射电望远镜可以观测天体射电的强度、频谱、偏振等。1932 年，美国科学家 K.G. 央斯基发明利用射电波探测天体的旋转天线阵，随后美国的 VLBA 阵、日本的空间 ALMA 射电阵相继研发成功，这都是新一代射电望远镜的代表。我国于 2016 年在贵州建成的 500 米口径球面射电望远镜被称为“中国天眼”，是世界最大单口径、最灵敏的射电望远镜。

射电望远镜的优势

射电望远镜没有光学望远镜那样长长的镜筒，也没有物镜和目镜，它只有天线和接收系统。天线就好比光学望远镜的物镜，它要收集宇宙中的微弱信号，然后将信号传递到接收器中进行数据分析，而且接收系统具有极高的灵敏度和稳定性。

射电望远镜结构

射电望远镜原理和光学反射望远镜相似。大多数射电望远镜都是用金属网或者薄片拼成巨大的抛物面，抛物面易于实现相同焦距，用它来接收来自宇宙的电磁波，然后将电磁波集中反射给设在某处的接收机，接收机将电磁波转化成信息，经过计算机的处理得到有用的数据。

射电望远镜的口径越大，越能够清晰捕捉到遥远星系发出的电磁波。

射电望眼镜起源

在 1932 年的一天，美国无线电工程师 K.G. 央斯基像往常一样在实验室里搜索和鉴别电话干扰信号，他突然发现有一种每隔 23 小时 56 分 04 秒出现最大值的无线电干扰。经过研究，他断定这是来自银河系的射电辐射，由此开创了用射电波研究天体的新纪元。

射电望远镜的四大发现

在 20 世纪 60 年代人类通过射电望远镜取得了四项重大发现，分别是脉冲星、类星体、宇宙微波背景辐射、星际有机分子。

哈勃空间望远镜

哈勃空间望远镜于 1990 年 4 月 24 日在美国肯尼迪航天中心由“发现者”号航天飞机发射升空。它是放置在地球轨道上并且围绕地球的空间望远镜，以著名天文学家爱德温·哈勃的名字命名。它位于大气层之上，呈像不会受到大气的影响，并且能够观测到未被臭氧层吸收的紫外线，能够极大程度地弥补地面观测的不足，使人们了解了更多的天文物理方面的知识，帮助天文学家解决了许多天文学上的问题。在 2020 年 1 月，一个国际天文学家团队利用美国哈勃空间望远镜发现了 EGS77 星系群，它是迄今已知的最遥远、最古老的星系群。

爱斯基摩星云

哈勃空间望远镜探索到了爱斯基摩星云，它看上去就像带着防寒帽的爱斯基摩人（因纽特人的旧称）的脸。

设计思路

1946 年天文学家莱曼·斯必泽指出太空中的天文台具有优于地面天文台的观测性能。他发现在地面观测时，湍动的大气会给结果造成影响，在太空观测会有较高的准确率，而且在太空中的望远镜还可以观测到会被大气层吸收的红外线和紫外线。于是斯必泽开启了建造空间望远镜的事业。

哈勃空间望远镜的接班人是谁

哈勃空间望远镜在宇宙观测方面取得了惊人的成果，随着时间的流逝，哈勃空间望远镜迎来了继任者——詹姆斯·韦伯空间望远镜。2021 年 12 月 25 日，詹姆斯·韦伯空间望远镜搭载“阿丽亚娜”5 号运载火箭奔向宇宙。

组成

➡ 光学系统是整个哈勃空间望远镜的心脏，它的组成还有广域和行星照相机、戈达德高解析摄谱仪、高速光度计、暗天体照相机、暗天体摄谱仪，还有一件由威斯康星麦迪逊大学设计制造的 HSP，用于观测在可见光和紫外光的波段上的变星，以及其他天体在亮度上的变化。

探索成果

哈勃空间望远镜从 1990 年登上地球轨道就开始给人类带来了海量数据。在它执行任务早期，就发现了超大质量黑洞的存在，它们位于星系的中央位置。2015 年 9 月，哈勃空间望远镜捕捉到了蝴蝶云。

扫一扫

扫一扫画面，立体图就可以跳出来啦！

中国“天眼”

500 米口径球面射电望远镜，是目前世界上口径最大、最灵敏的单天线射电望远镜，是我国自主研发的望远镜，被称为中国的“天眼”。“天眼”最早是在 1994 年由我国天文学家南仁东提出构想，经历了 22 年之久，终于在 2016 年 9 月 25 日在贵州省落成。“天眼”的反射面由 4450 块反射面板安装成，远远看去就像一口大锅，它的接收面积足足有 30 个标准足球场大小，它将在未来 20 ～ 30 年的时间里稳居世界第一的位置。

“天眼”任务

“天眼”的建造不仅仅是为了寻找“地外文明”，更重要的任务是寻找脉冲星。脉冲星是快速自转的中子星，它能够发射严格周期性脉冲信号。如大家常用的 GPS 导航系统一样，我们寻找到脉冲星以后就可以将它用于深空探测、星际旅行，它可以在宇宙中起到良好的导航作用。除了观测脉冲星，它还有另一大任务就是研究宇宙中的中性氢，这有助于我们探索宇宙的起源。

南仁东是谁

南仁东是中国“天眼”之父，他从 1994 年就开始了“天眼”的选址、立项、设计，是该项目的首席科学家和首席工程师。南仁东为这个项目付出了毕生心血，没有南仁东就没有今天的 500 米口径球面射电望远镜的顺利建成。他于 2017 年病逝，享年 72 岁，他的逝世是我国天文学史上的重大损失。

网状结构

“天眼”的反射面主要是索网结构，这是建造工程的主要技术难点之一。“天眼”的索网是世界上跨度最大、精度最高的索网结构，也是世界上第一个采用变位工作方式的索网体系。其技术难度极高，但是我国工程队将难题一一攻克，还创下了 12 项自主创新的专利成果。

“天眼”从无到有，经历了22年。

第三章　飞向太空

随着时代的发展，科学技术也随之不断进步，因此人们已经不再满足于在地面上观测宇宙，于是进入太空就成了新时代的任务。火箭、人造卫星、宇宙飞船、航天飞机等都是科学家们智慧的结晶。经过一步步的实践与探索，人类终于成功地迈进太空，实现了遥不可及的梦想。在这一章中你将了解各种航天器的神奇之处。

火箭

火箭，是一种靠火箭发动机喷射工作介质产生的反作用力向前推进的飞行器。火箭不需要依靠外界工作介质产生的推力，就可以在大气层内和大气层外飞行。火箭是实现太空飞行的运载工具，载人航天飞行需要依靠火箭才能实现。火箭还可以用来发射人造卫星、人造行星、宇宙飞船等，也可以装上弹头制成导弹。固体火箭跟液体火箭是我们现在比较常用的火箭。从科技的角度来说，火箭促进和推动了多个领域的发展，创造了诸多成就。

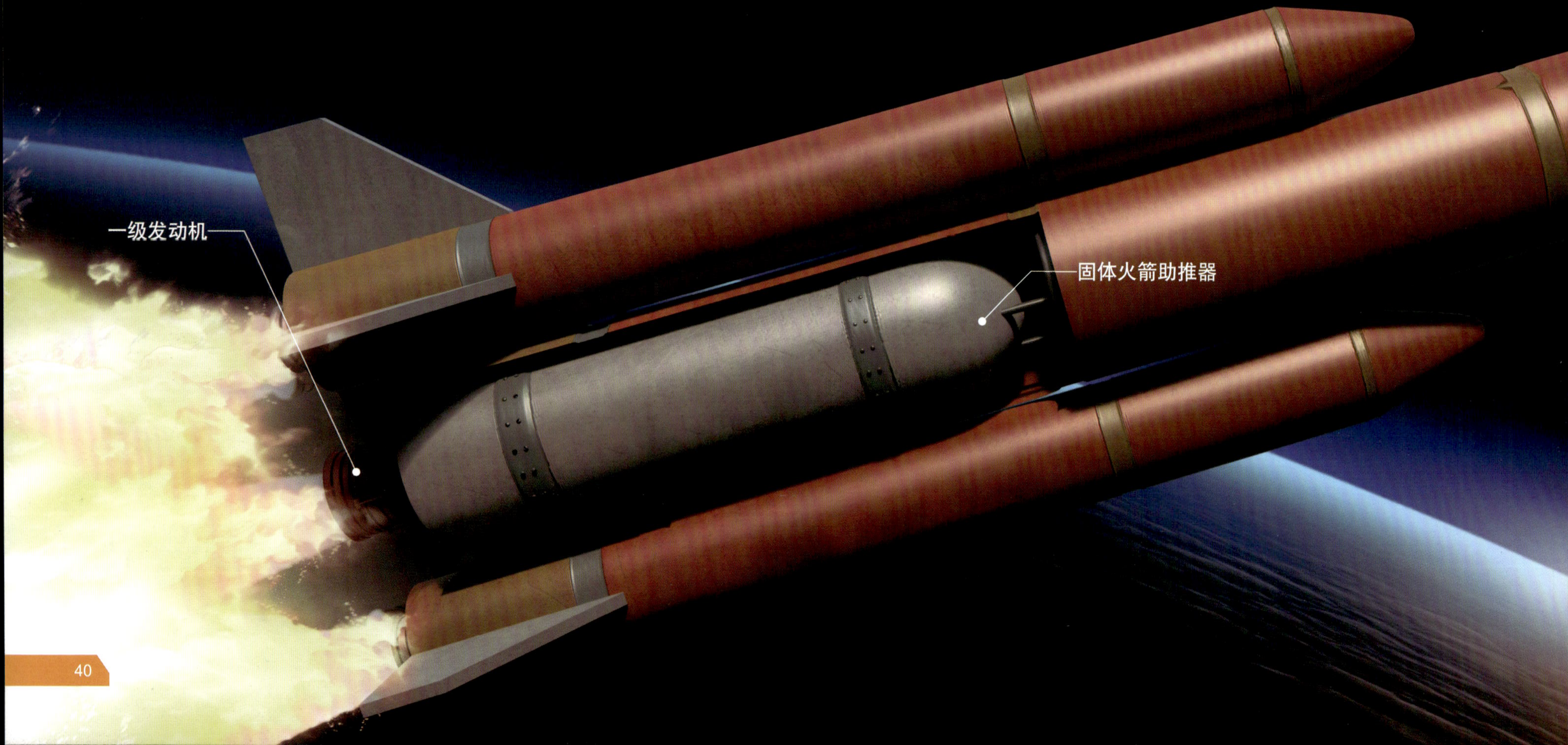

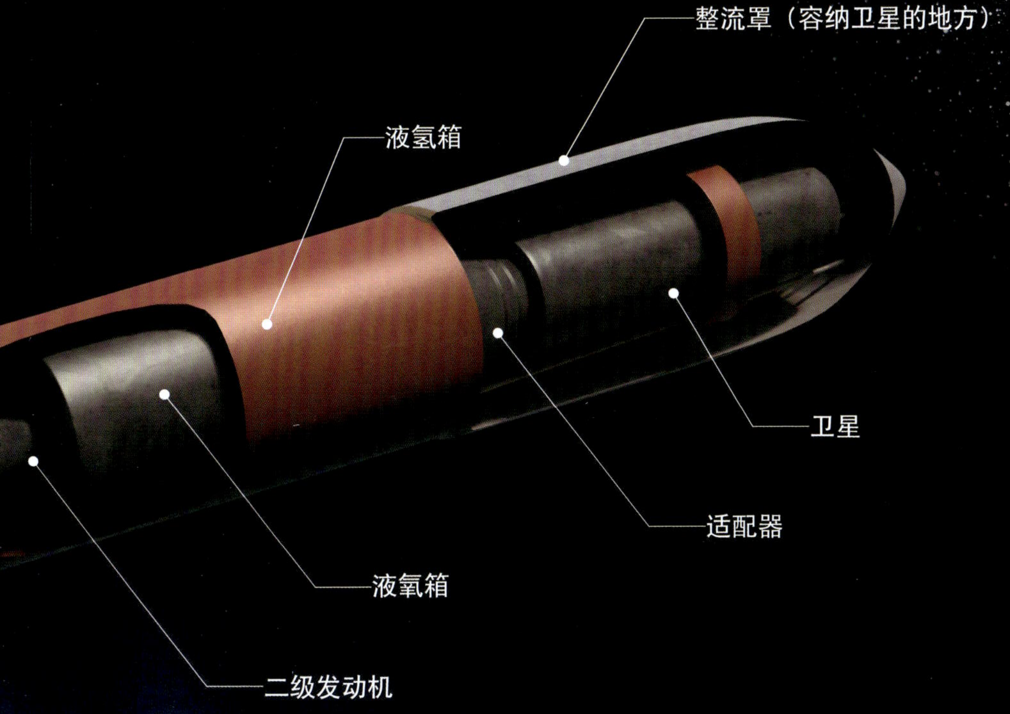

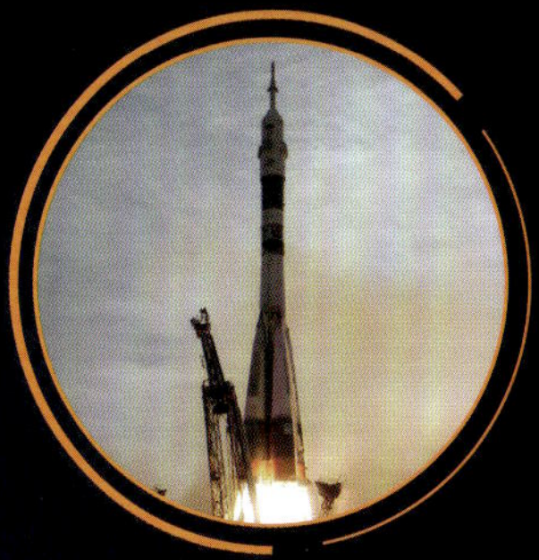

火箭是如何发射的

想要让火箭升空就需要一个强大的向上的推力，这个推力就是通过燃料的燃烧而产生的。发射火箭时，地面控制中心会进行倒计时，时间一到火箭就会伴随着巨大的轰鸣声缓缓升起，随后经过加速飞行，再经过一段惯性飞行，飞到预定轨道后进行最后一次加速飞行，当加速到预定速度以后，火箭的运载使命就结束了。

火箭的发展史

火箭最早起源于中国，早在三国时期中国就用火箭作为武器，那时的火箭只是在箭杆上绑上柴草等易燃品，然后浇油、点燃，用弓箭射出。到了唐宋时期，火药替代了易燃品，成为真正利用喷气推进的火箭。后来火箭技术传到了欧洲，因此欧洲火箭技术得到了发展，慢慢发展出带有导航、控制系统的火箭，它的射程更远，速度更快，火力更强。

V2 型火箭

V2 型火箭是第一种超声速火箭，是真正意义上的大型火箭。火箭长 14 米，水平射程为 322 千米。

V2 型火箭

“万户飞天”

在明朝时期有个非常有名的故事叫《万户飞天》。有个叫万户（称谓）的明朝官员手拿两个风筝，然后将自己绑在一个椅子上，椅子后面安装了数枚火箭，点燃火箭后椅子升空，但不幸的是万户最终丧命。虽然他的飞天计划并没有成功，但是他的这一举动有着跨时代的意义，他被称为世界航天第一人。月球背面的一座环形山还以他的名字命名。

火箭的鼻祖

中国人发明的火箭，是现代火箭的鼻祖。

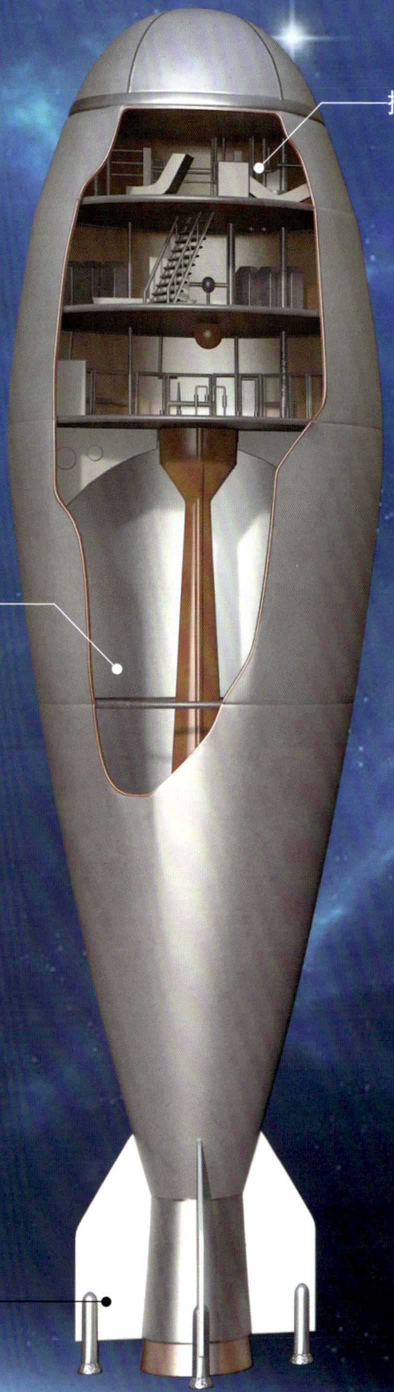

齐奥尔科夫斯基

齐奥尔科夫斯基是苏联科学家，现代航天学和火箭理论的奠基人，他为人类航天事业奉献了自己的一生。他在 1903 年发表了著名论文《利用喷气工具研究宇宙空间》的第一部、第二部于 1911—1914 年以连载形式刊登。此文论证了喷气工具用于星际航行的可行性，推导出著名的齐奥尔科夫斯基公式，奠定了液体火箭发动机的理论基础。

第一枚液体火箭是谁设计的

戈达德原本是研究固体火箭的，后来受到齐奥尔科夫斯基液体火箭研究的影响开始转向研发液体火箭。1926 年 3 月 16 日，他进行了液体火箭的试飞试验，取得了重大成功，于是就有了世界上第一枚液体火箭。

世界上第一颗人造卫星

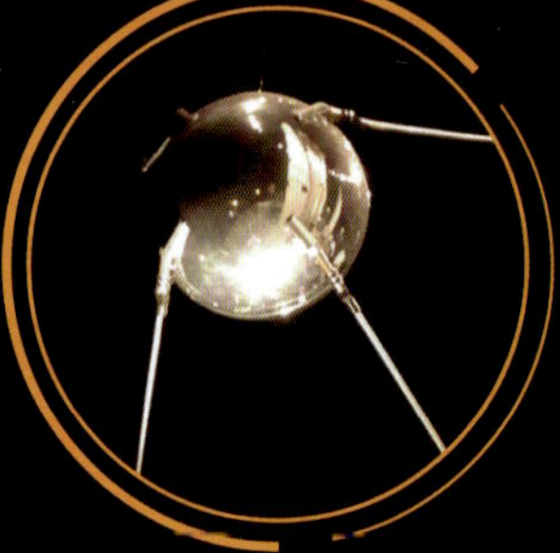

1957 年 10 月 4 日，苏联宣布成功地将世界上第一颗人造卫星发射升空，从此人类正式迈开走向太空的步伐。这颗卫星里的主要仪器设备是化学能电池无线电发报机。

人们用肉眼能看到天上的卫星吗

当我们仰望星空，面对银河时，是否会思考我们看到的星星是真正的星星还是人造天体呢？其实我们的肉眼是可以看到人造天体的，这包括人造卫星、空间站、甚至是火箭残骸。因为它们离我们很近，而且它们自身带有的太阳能电池板或者金属构件都会反光，足以被肉眼看到。但是我们在夜空中所看到的绝大多数还是真实的恒星、行星等，我们虽然能看到人造天体的反光，但还是少数。

气象卫星

古时候的人们对于多变的气候只能凭着经验加以揣测。而气象卫星的出现，使人们得以掌握数日内的气候变化。气象卫星从遥远的太空中观测地球，不但能观测大区域天气的变化，也能观测小区域天气的变化。

人造卫星的运动轨道

地球是一个椭球体，如果没有其他因素影响，那么人造卫星的运动就是简单的椭圆运动。然而，在纷繁复杂的天体中，影响人造卫星的运动轨道有很多种，例如地球的非球形摄动、大气阻力摄动、太阳光压摄动等。因此卫星的轨道会越变越小，最终陨落。

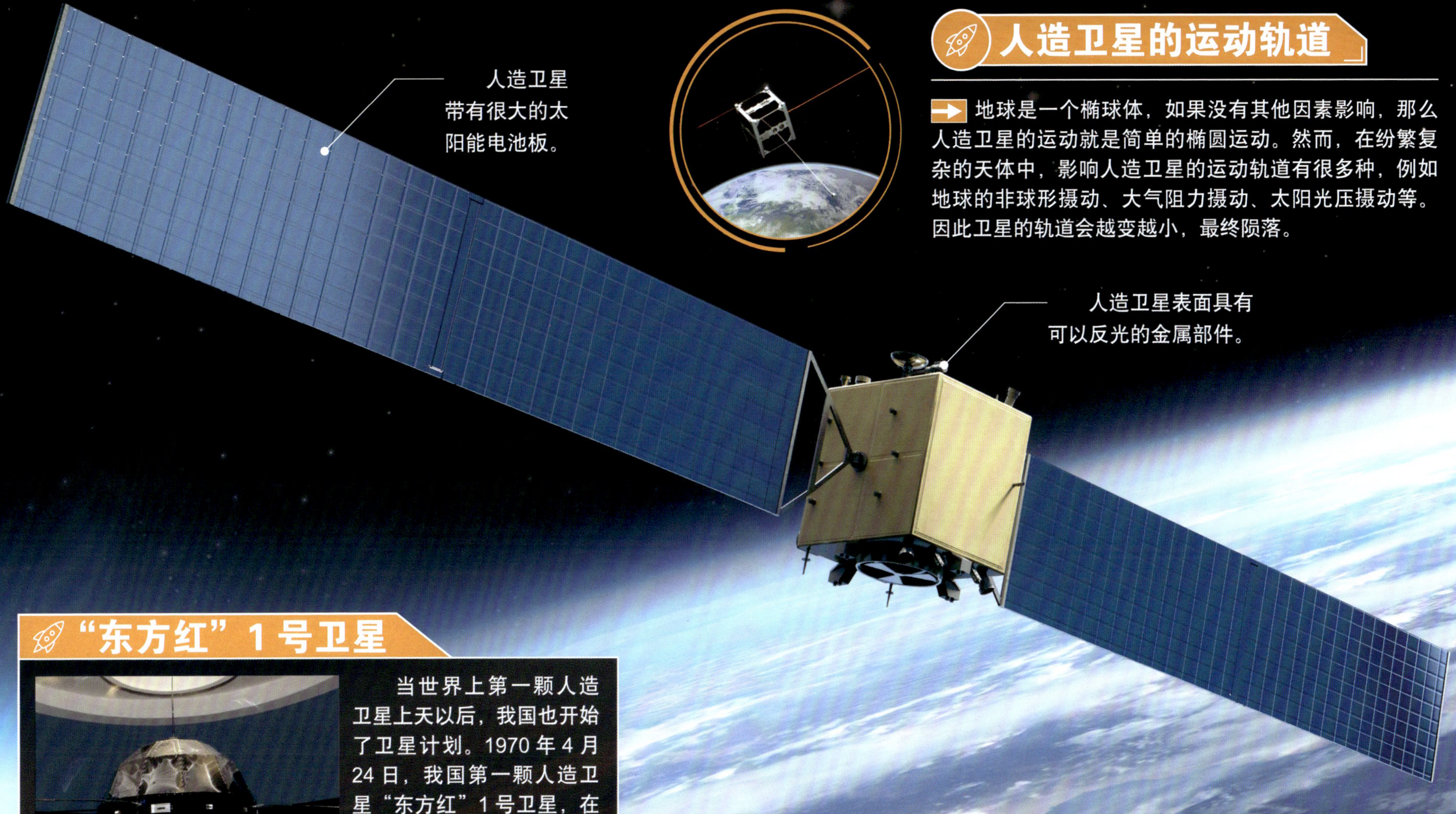
人造卫星带有很大的太阳能电池板。
人造卫星表面具有可以反光的金属部件。

“东方红”1 号卫星

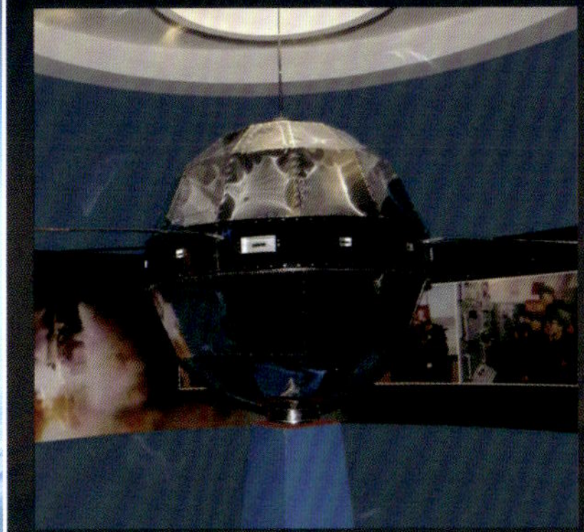

当世界上第一颗人造卫星上天以后，我国也开始了卫星计划。1970 年 4 月 24 日，我国第一颗人造卫星“东方红”1 号卫星，在甘肃酒泉卫星发射场发射成功。“东方红”1 号卫星播送《东方红》乐曲，让全世界人民都能听到中国卫星的声音。

“上升”号飞船

“上升”号飞船是在“东方”号飞船的基础上改进而来的，形状和尺寸基本相似。“上升”号飞船是苏联的第二代载人飞船。“上升”号飞船共发射了 2 艘。在 1964 年 10 月，“上升”1 号飞船首次载航天员环绕地球飞行，在环绕地球飞行了 16 圈之后安全返回地面，“上升”1 号飞船中载有 3 名航天员，航天员在船舱内可以不穿航天服，返回方式也变成了乘员舱整体软着陆的方式。在 1965 年 3 月，“上升”2 号飞船发射成功，本次船舱内载着 2 名航天员。

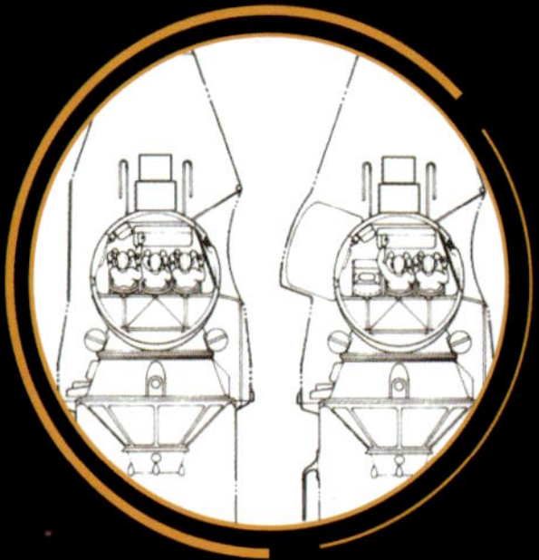

“东方”号飞船和“上升”号飞船的区别

“上升”号飞船是由“东方”号飞船改进而来，它们在外形上并没有很大变化，主要的变化有：“上升”号飞船去掉了弹射座椅，并且增加了航天员的座位；为了完成航天员出舱任务，增加了一个可以伸缩的气闸舱。

人类第一次完成太空行走

“上升”2 号飞船载有 2 名航天员。这次航行完成了一次史无前例的创举——太空行走，人类真真正正地走进太空，这次行走是由 A.A. 列昂诺夫完成的，A.A. 列昂诺夫于 1953 年参军，经过四年的训练后，从丘古耶夫军事航空学校毕业，在航空兵部队担任飞行员。1960 年 A.A. 列昂诺夫被选为航天员，从此便为航空事业奉献了一生。

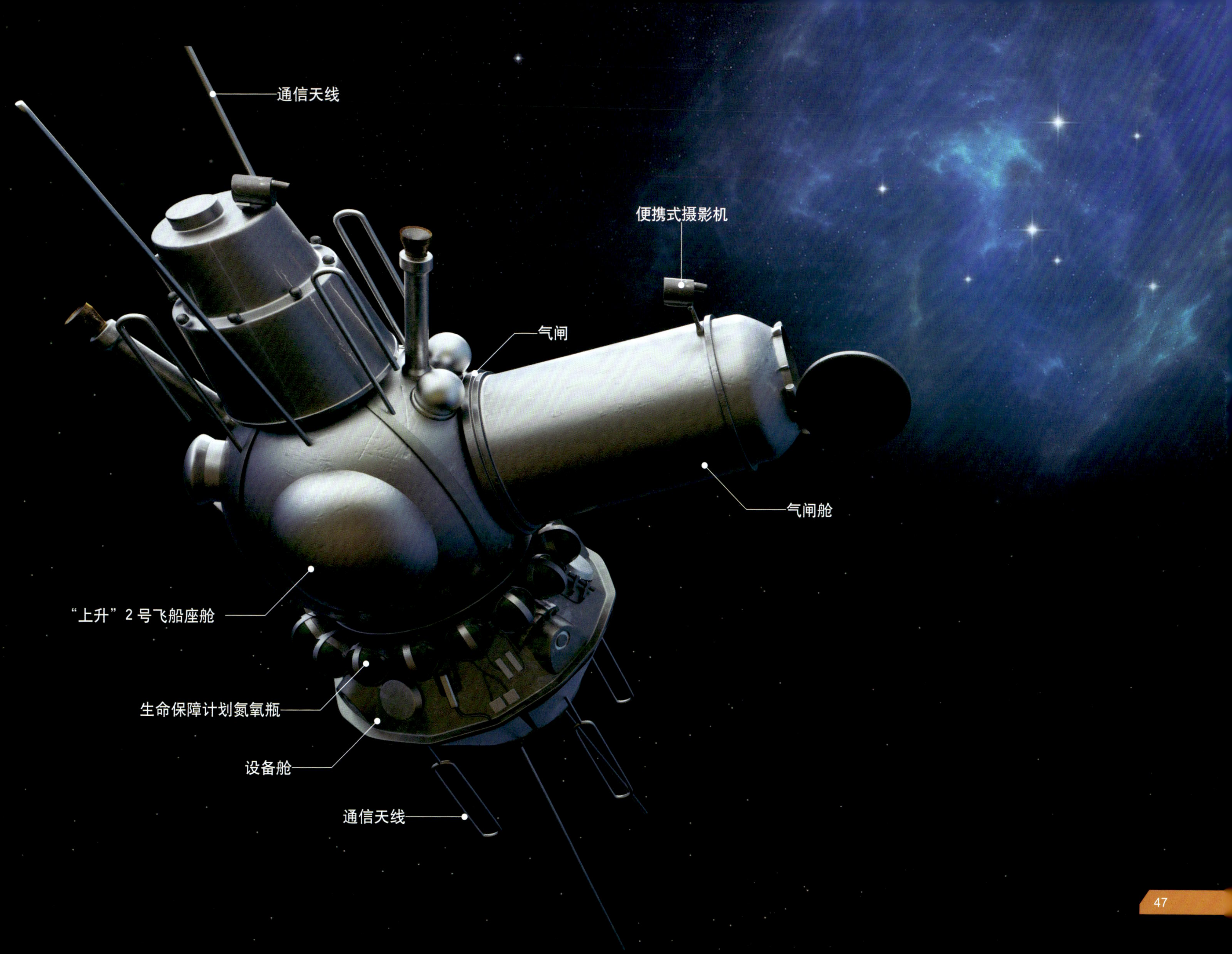
通信天线
便携式摄影机
气闸
气闸舱
“上升”2号飞船座舱
生命保障计划氮氧瓶
设备舱
通信天线

“水星”号飞船

“水星”号飞船是美国第一代载人飞船系列。从 1961 年 5 月到 1963 年 5 月共发射 6 艘飞船。前两艘飞船做绕地球不到一圈的亚轨道载人飞行，后四艘是载人轨道飞行。“水星”号飞船长 2.9 米，最大直径 1.8 米，主要分为圆台形座舱和圆柱形伞舱，在飞船顶端还有一个高约 5 米的救生塔，飞船可乘坐 1 名航天员，航天员可以通过舷窗、潜望镜和显示器观测地球表面。

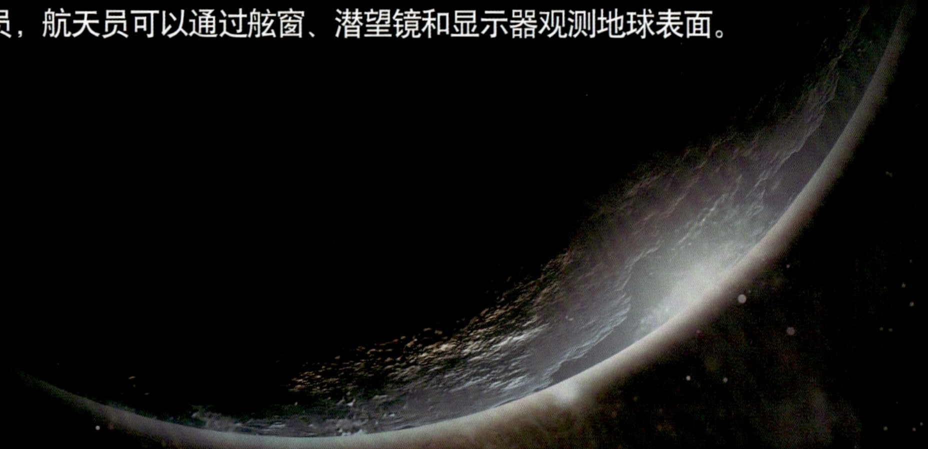

为什么在水星飞船上带有一个救生塔呢

由于美国的地形和俄罗斯不同，俄罗斯国土面积广，飞船降落时可以降落在陆地上，而美国则选择降落在开阔的海面上，于是救生部分就显得尤为重要。美国在第一个飞船发射时就出现了故障，点火以后火箭没有飞起来，这时救生塔就派上用场了。

建造“水星”号飞船的目的

其主要目的是实现载人航天飞行，将载有航天员的飞船送入地球轨道，在预定轨道中飞行几圈之后安全返回地面。主要任务是试验飞船各种工程系统的性能，考察失重环境对人体的影响，人在失重状态下的工作能力，等等。

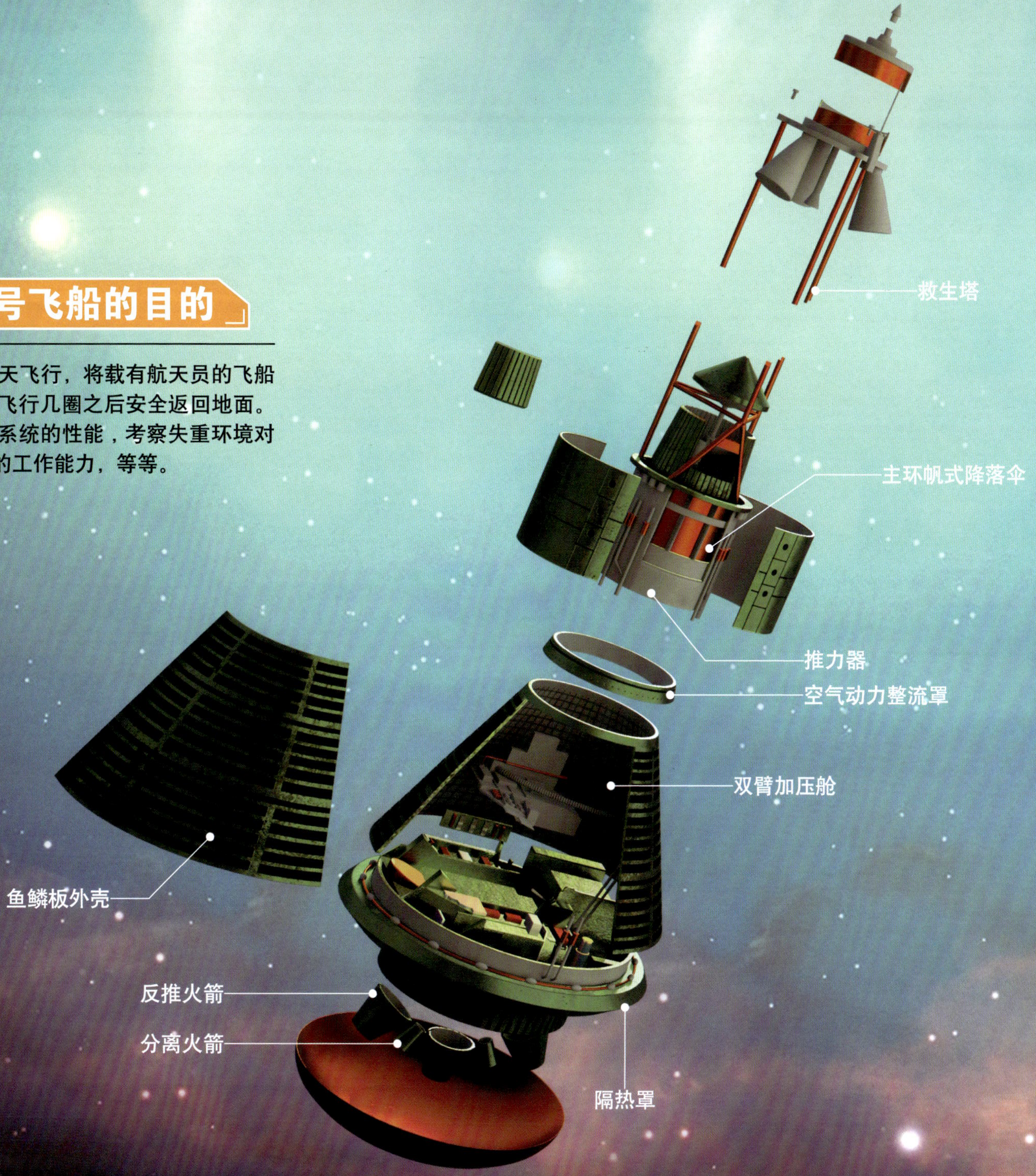

“土星”5号运载火箭

“土星”5号运载火箭是美国为了实现载人登月而使用的火箭，专门为重量巨大的“阿波罗”号飞船登月而设计，因此又被称为月球火箭。“土星”5号运载火箭。是世界上最大的串联式运载火箭，全长110.6米，最大直径10.1米，起飞质量2950吨，近地轨道的运载能力达130吨，飞往月球轨道的运载能力为47吨。“土星”5号运载火箭最后一次发射是在1973年，这次发射将“太空实验室”送入了近地轨道，之后它便退役了。

“土星”5号运载火箭如何被研制

“土星”5号运载火箭在1962年开始研制，在1967年进行了第一次发射，在1973年完成最后一次飞行。实际发射了13次。

运载能力最大的火箭

“土星”5号运载火箭是世界上迄今为止运载能力第二的火箭。它专门为重量巨大的“阿波罗”号飞船登月而设计，如果没有如此强大的载荷能力，“阿波罗”号飞船也不会有登月的成功。它可将47吨的有效载荷送上月球，但一般航天任务不需要如此之高的载荷能力。

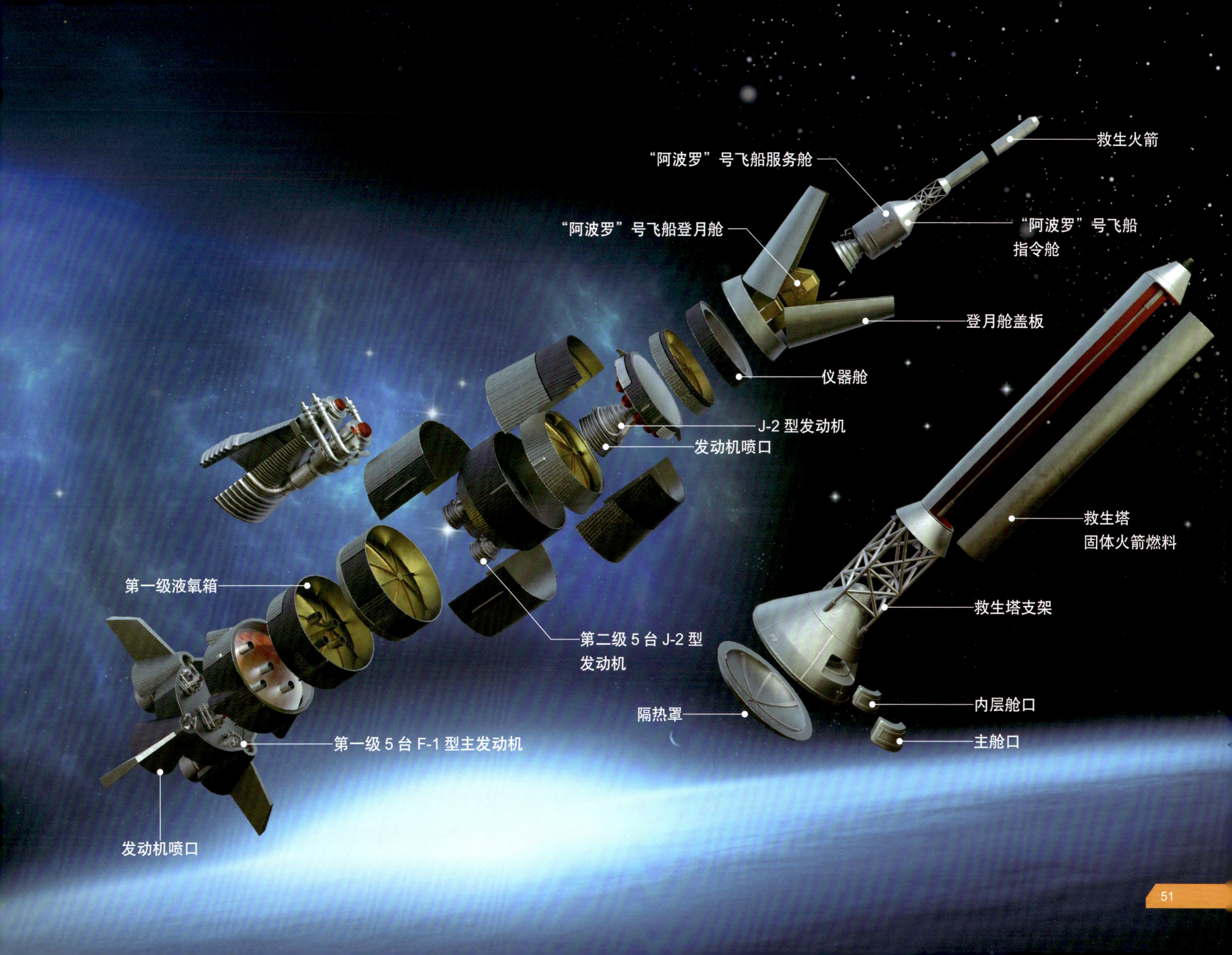
救生火箭
“阿波罗”号飞船服务舱
“阿波罗”号飞船登月舱
“阿波罗”号飞船
指令舱
登月舱盖板
仪器舱
J-2 型发动机
发动机喷口
救生塔
固体火箭燃料
第一级液氧箱
第二级 5 台 J-2 型
发动机
救生塔支架
隔热罩
内层舱口
主舱口
第一级 5 台 F-1 型主发动机
发动机喷口

登月成功

在 1969 年 7 月，阿姆斯特朗扶着登月舱的阶梯踏上了月球，他说：“对一个人来说，这是一小步。对人类来说，这是巨大的一步。”人类第一次在地球以外的星球上留下了足迹，它见证了人类航天事业的巨大飞跃。

“阿波罗”11号登月舱

美国在进行了 2 次地球轨道载人飞行和 2 次月球轨道载人飞行以后，开启了“阿波罗”号飞船登月任务。美国国家航空航天局决定采用月球轨道集合的方案完成登月，这需要一艘可以到达月球的独立飞船，因此就有了“阿波罗”11 号飞船。“阿波罗”11 号飞船由指令舱、服务舱和登月舱 3 个部分组成。登月舱由上升段和下降段组成，下降段包括着陆发动机、着陆腿和仪器舱，上升段的主体即为登月舱。登月舱能够容纳 2 名航天员，等他们完成登月任务以后需要驾驶上升段返回到月球轨道与指令舱汇合，然后才能成功返回地球。

登月人员

完成这次登月任务的主要成员有阿姆斯特朗、奥尔德林、柯林斯。阿姆斯特朗担任飞船指令长职务，奥尔德林为登月舱驾驶员，柯林斯是指令舱驾驶员。为了保证任务能够顺利进行，还准备了三位替补人员，他们也需要接受和登月人员同样的训练。

“阿波罗”11号指令舱

“阿波罗”11 号的指令舱是飞船的重要控制中心和航天员的生活场所。它包含航天员的卧椅、控制仪表板、通信系统、前端对接舱口、侧舱门、五个舷窗及降落伞回收系统等。指令舱呈圆锥形，高 3.2 米，起飞质量约 5.9 吨，底面直径 3.1 米。在完成任务以后，“阿波罗”11 号飞船和其运载火箭中只有指令舱会完好无损地返回地球。

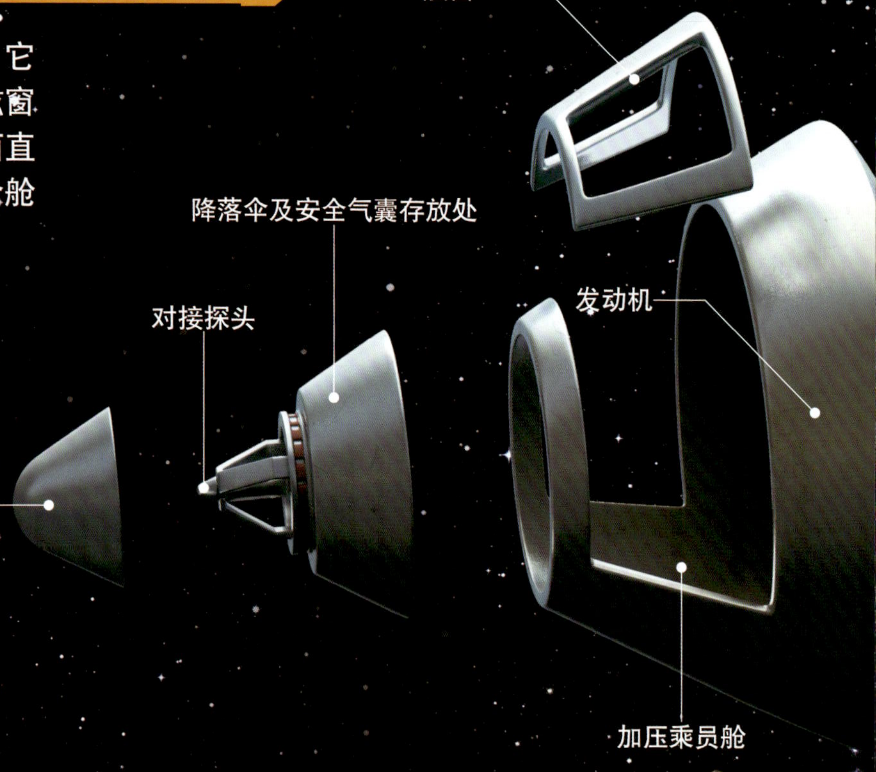

回家的保障

“阿波罗”11 号飞船在进入月球轨道以后，会进行登月舱分离登月，留下指令舱和服务舱在月球轨道待命。等到登月舱从月球表面返回到月球轨道，再与母船相结合，随后抛弃登月舱，带着指令舱和服务舱返回地球轨道，最后抛弃服务舱，只留下指令舱载着航天员返回地球表面。

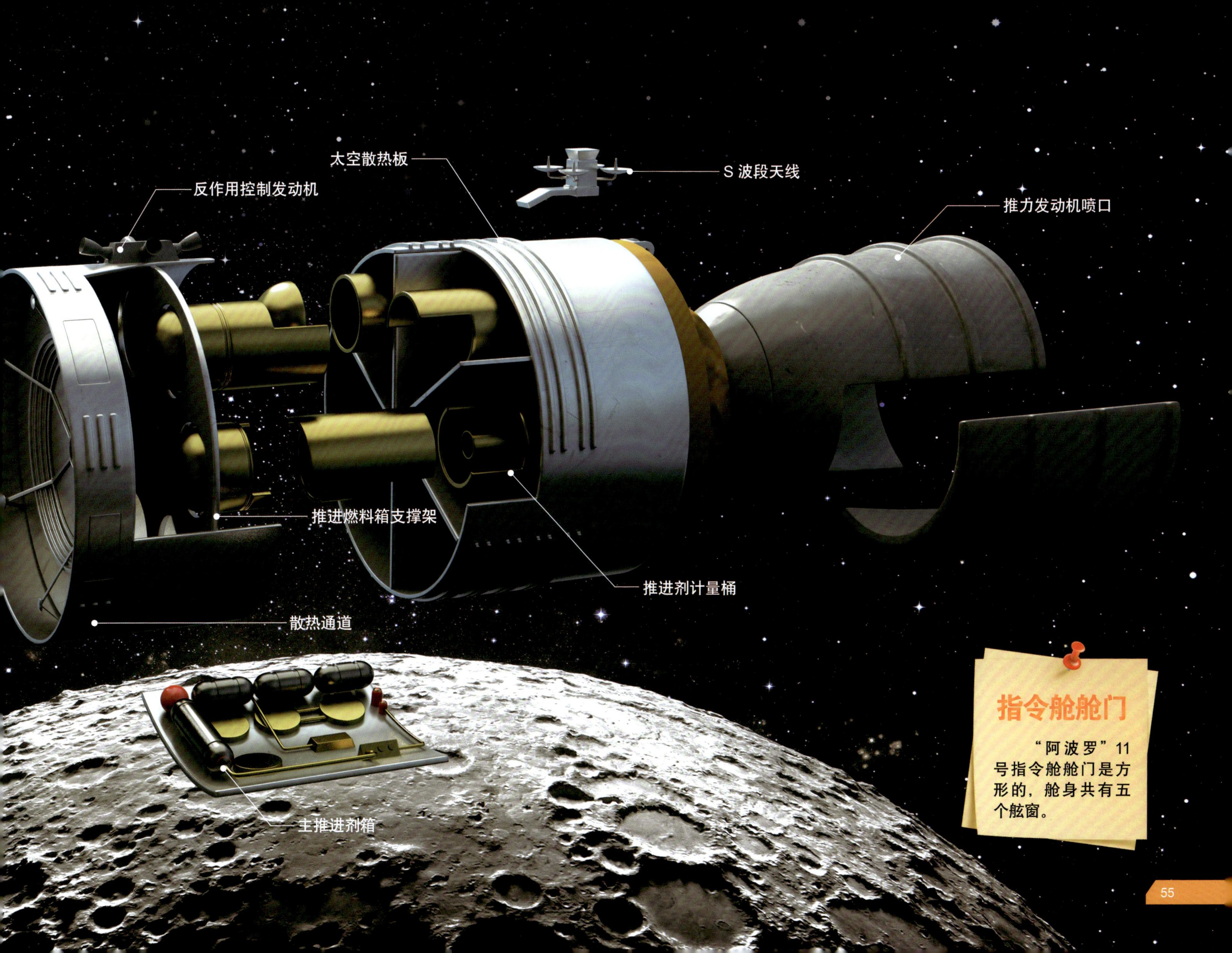

指令舱舱门

“阿波罗”11号指令舱舱门是方形的，舱身共有五个舷窗。

“火星探路者”号

美国国家航空航天局在 1996 年开始了火星探测计划，“火星探路者”号就是这一计划的一个重要组成部分，它运送人类历史上第一部火星车着陆。“火星探路者”号于 1996 年顺利启程，开始了 5000 万千米以上的火星之旅，它经过了整整 7 个月的飞行，终于在 1997 年 7 月，成功进入火星大气层，并且以每小时 88.5 千米的速度向火星表面移动。“火星探路者”号携带的“索杰纳”号火星车，是人类送往火星的第一部火星车。

火星之旅才刚刚开始

21 世纪以后各个国家都开展了对火星的探测计划，并且进行了深入的研究，使人类得到了更加惊人的发现。

“索杰纳”号火星车

“索杰纳”号火星车是一个 6 轮的探测车。它重约 10 千克，别看它小，它可是花费了 2500 万美元制造出来的探测车。它具有人工智能，但是它的行驶速度非常缓慢，就像是蜗牛爬行。它的爬行区域大部分集中在岩石众多的地方，主要的目的是搜集有关岩石成分的数据。按照计划，“索杰纳”号火星车的设计寿命是 1 个星期，但最终“索杰纳”号火星车工作了 3 个月。

人类是否能登上火星

1922 年美国发射“观察者”探测器，但没有成功。1975 年，美国的“海盗”飞船曾在火星着陆，并进行了探测。有人大胆地预言，人类登上火星将不再是梦想。

“勇气”号火星车

火星车就是火星漫游车，是可以登陆在火星上并用于火星探测的探测器，也是一种可移动的车辆。火星车为人类传来大量的火星资料，使人们更加了解火星。2002 年 11 月，美国国家航空航天局宣布与著名玩具公司乐高合作举办命名比赛，最终一名小女孩获胜，将两辆火星车分别命名为“勇气”号和“机遇”号。2003 年 6 月至 7 月，“勇气”号火星车、“机遇”号火星车分别发射成功。2009 年“勇气”号火星车，车轮陷入软土，使它无法动弹，多次解救均以失败告终。2010 年 1 月美国国家航空航天局宣布放弃拯救，“勇气”号火星车从此转为静止观测平台。

“机遇”号火星车

2003 年 6 月，“勇气”号火星车发射成功以后，在同年 7 月，“机遇”号火星车也成功发射。相对于“勇气”号火星车来说，“机遇”号火星车的情况比较顺利，直到 2019 年 2 月，“机遇”号火星车结束使命。

坎坷的探索之路

登陆火星的“勇气”号火星车曾因为太阳能电池板落灰，导致电量不足，幸运的是在两次大风过后，尘埃被吹散，又恢复了电力。在 2006 年，“勇气”号火星车的右前轮失灵。2009 年，“勇气”号火星车陷入软土不能动弹以后，美国国家航空航天局工程师们用尽浑身解数也没能解救出它。

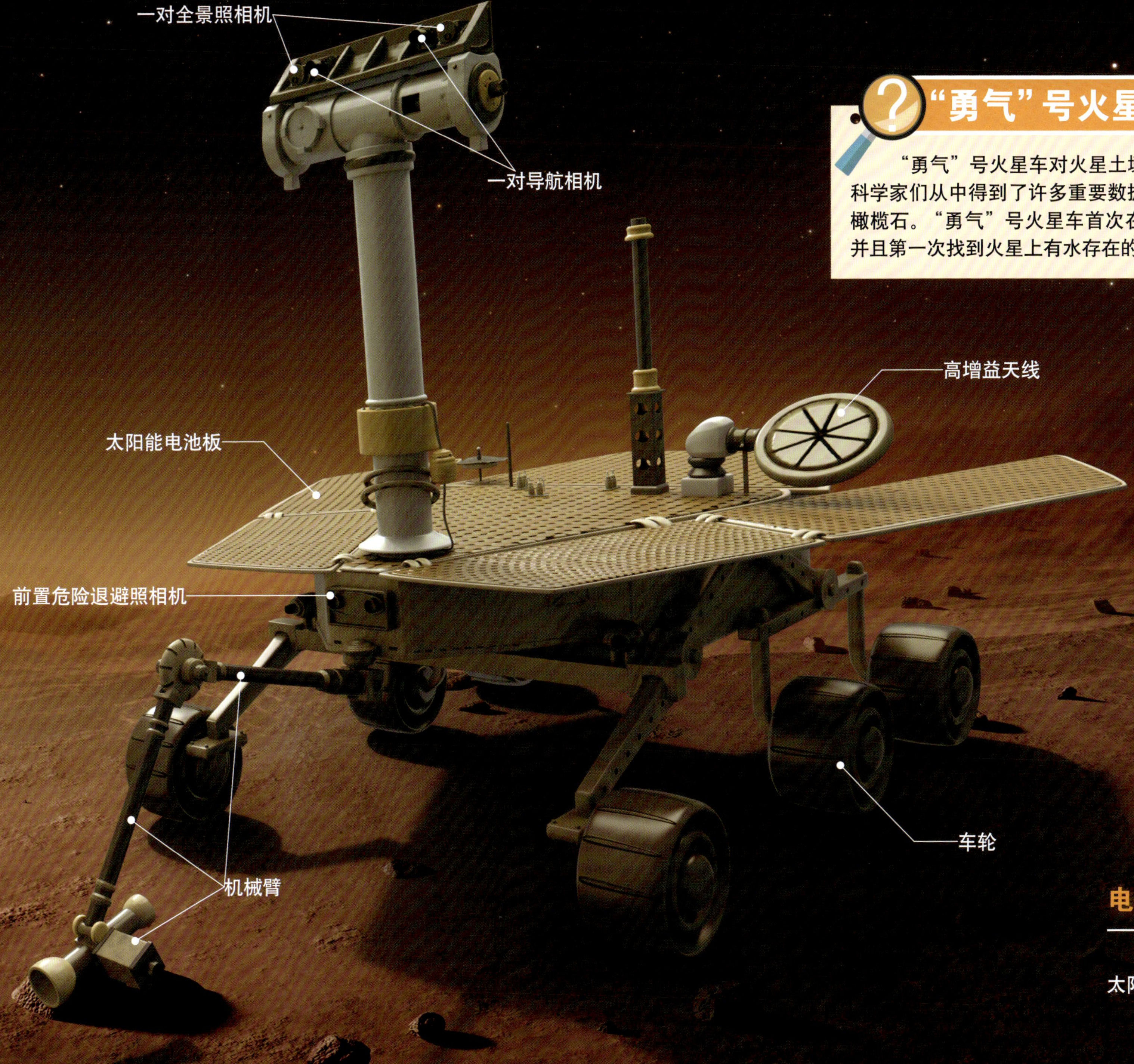

“勇气”号火星车的成就

“勇气”号火星车对火星土壤进行了取样分析，科学家们从中得到了许多重要数据，并意外地发现了橄榄石。“勇气”号火星车首次在火星岩石上钻孔，并且第一次找到火星上有水存在的证据。

电能来源

“勇气”号火星车由太阳能电池板提供电能。

“好奇”号火星车

“好奇”号是美国研制的一台探测火星任务的火星车。它于 2011 年 11 月发射，在 2012 年 8 月成功登陆火星表面。“好奇”号火星车与以往发射的火星车的动力系统不同，它是第一辆采用核动力驱动的火星车，它的重要任务就是查明火星环境是否具有能够存在生命的可能。“好奇”号火星车无法使用气囊弹跳的着陆方式，因此科学家为它设计了新的着陆系统。“好奇”号火星车没有让大家失望，它为人类提供了大量宝贵信息，让人们对火星有了进一步了解。

证明了火星上有水

科学家分析了“好奇”号火星车从火星带回的土壤样本。它们发现将比较细小的土壤加热，就会分解出水、二氧化碳和含硫化合物等，其中水占 2%，这说明火星表面的土壤中是含有水分的，这一结果足以振奋人心。

巨大的隔热板

“好奇”号火星车的隔热板采用的是酚碳热烧蚀板材料制成的，是有史以来最大的隔热板，它使火星车的外壳宽达 4.5 米，比“阿波罗”号使用的隔热板还大。

化学摄像机仪
桅杆相机
火星车环境监测站
核电池
镜头转台
机械臂
阿尔法粒子
X 射线光谱仪
火星手持透镜成像仪
车轮

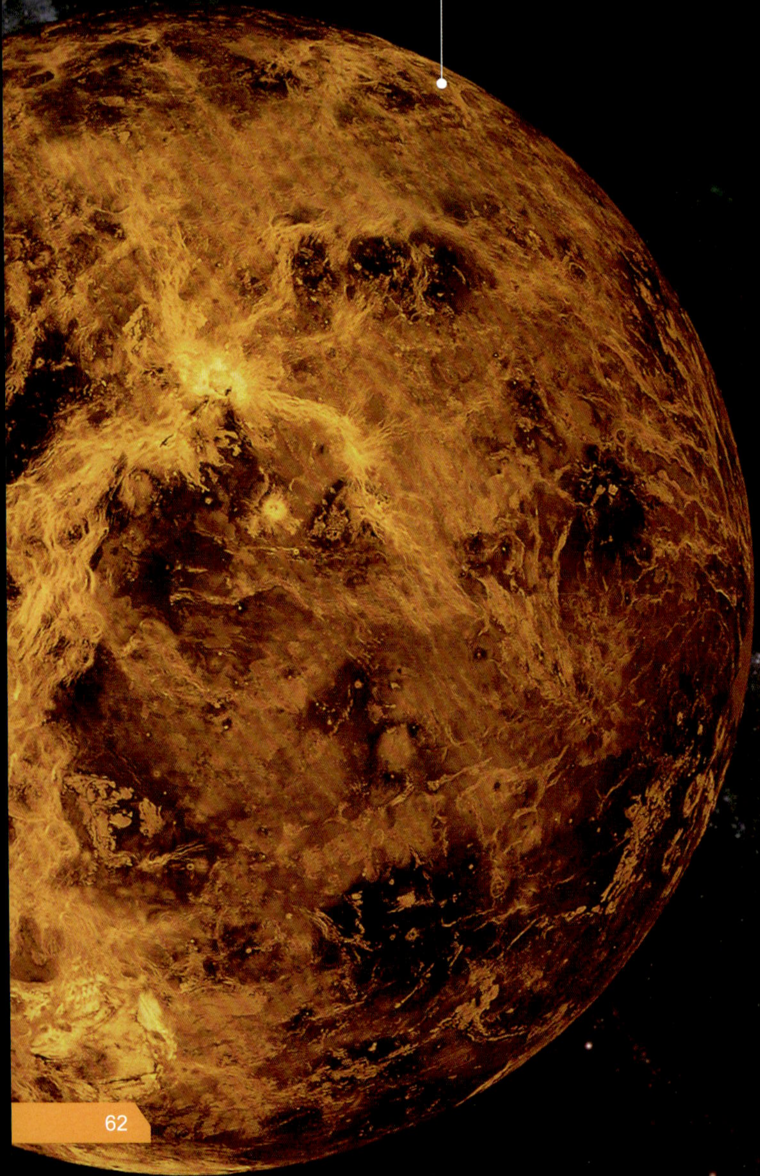

金星快车

金星快车是欧洲国家首次对金星进行勘探的探测器。金星快车共造价3亿欧元，它于2005年11月在拜科努尔发射场乘“联盟”号运载火箭发射升空，2006年4月进入金星轨道。金星快车的主要任务是揭开金星神秘的面纱，深入研究金星大气层，观测金星的气候变化。它原本的任务是在轨道上观测500个地球日，但是经过了三次的拓展任务，直到2014年12月16日才结束任务。

为什么叫“快车”

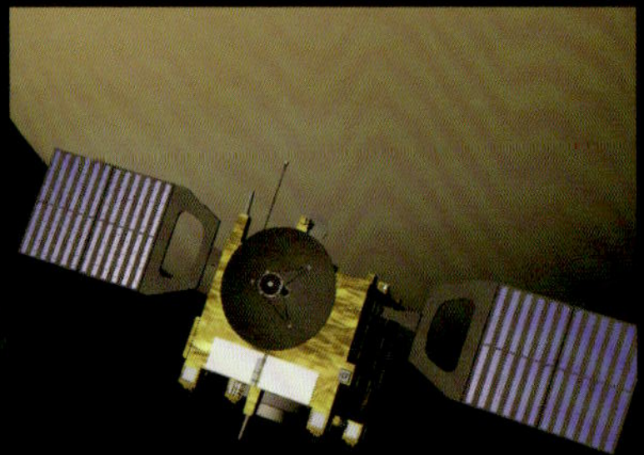

取名为金星快车是因为它跑得快吗？事实并不是这样的，之所以叫快车，并不是因为它跑得快，而是因为它的研发速度快。从2001年提出想法到准备发射一共才用了4年的时间，在此之前还没有任何一个宇宙探测器的项目开展得如此之快。

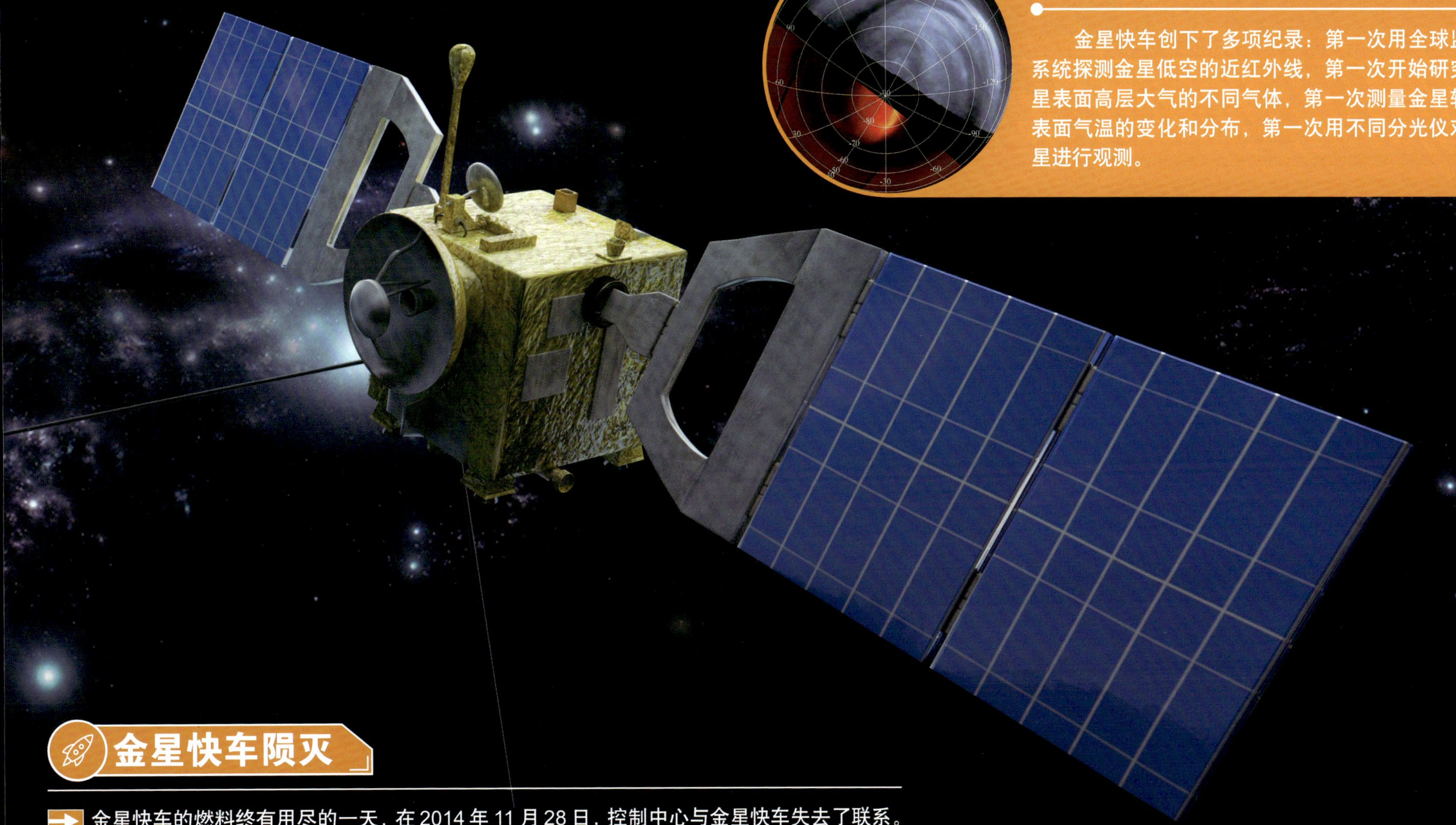

金星快车创下的纪录

金星快车创下了多项纪录：第一次用全球监测系统探测金星低空的近红外线，第一次开始研究金星表面高层大气的不同气体，第一次测量金星轨道表面气温的变化和分布，第一次用不同分光仪对金星进行观测。

金星快车陨灭

金星快车的燃料终有用尽的一天，在2014年11月28日，控制中心与金星快车失去了联系。虽然控制中心在12月3日断断续续地联系上了金星快车，但是并不能继续控制它，于是在12月16日，金星快车的任务宣告结束，原本只是让它完成为期2年的探测任务，它已经超额完成任务，待燃料耗尽之后就会坠入金星大气层。

“信使”号水星探测器

为了探测水星的环境与特性，美国研制出“信使”号水星探测器。“信使”号水星探测器在2004年8月发射，它携带了大量燃料，于2011年3月才进入水星轨道，对水星进行探测。

“信使”号有一把“遮阳伞”

在“信使”号水星探测器研制时，人们为它配备了一把“遮阳伞”，这是一个特殊的结构，它是一个具有高反射性的耐热遮阳罩。由于水星距离太阳很近，因此水星轨道附近的温度可达400℃，这把“遮阳伞”可以将探测器的温度保持在20℃以上，从而确保各种精密仪器正常工作。

使命的终结

“信使”号水星探测器没有足够的燃料使其回到地球，因此当它结束了它的使命以后，水星将成为它最终的归宿。

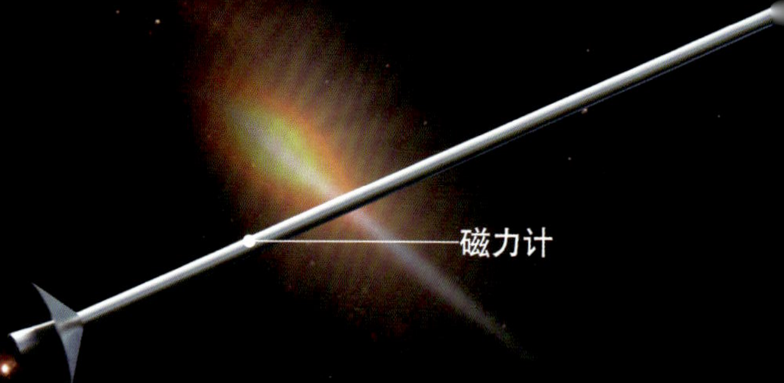

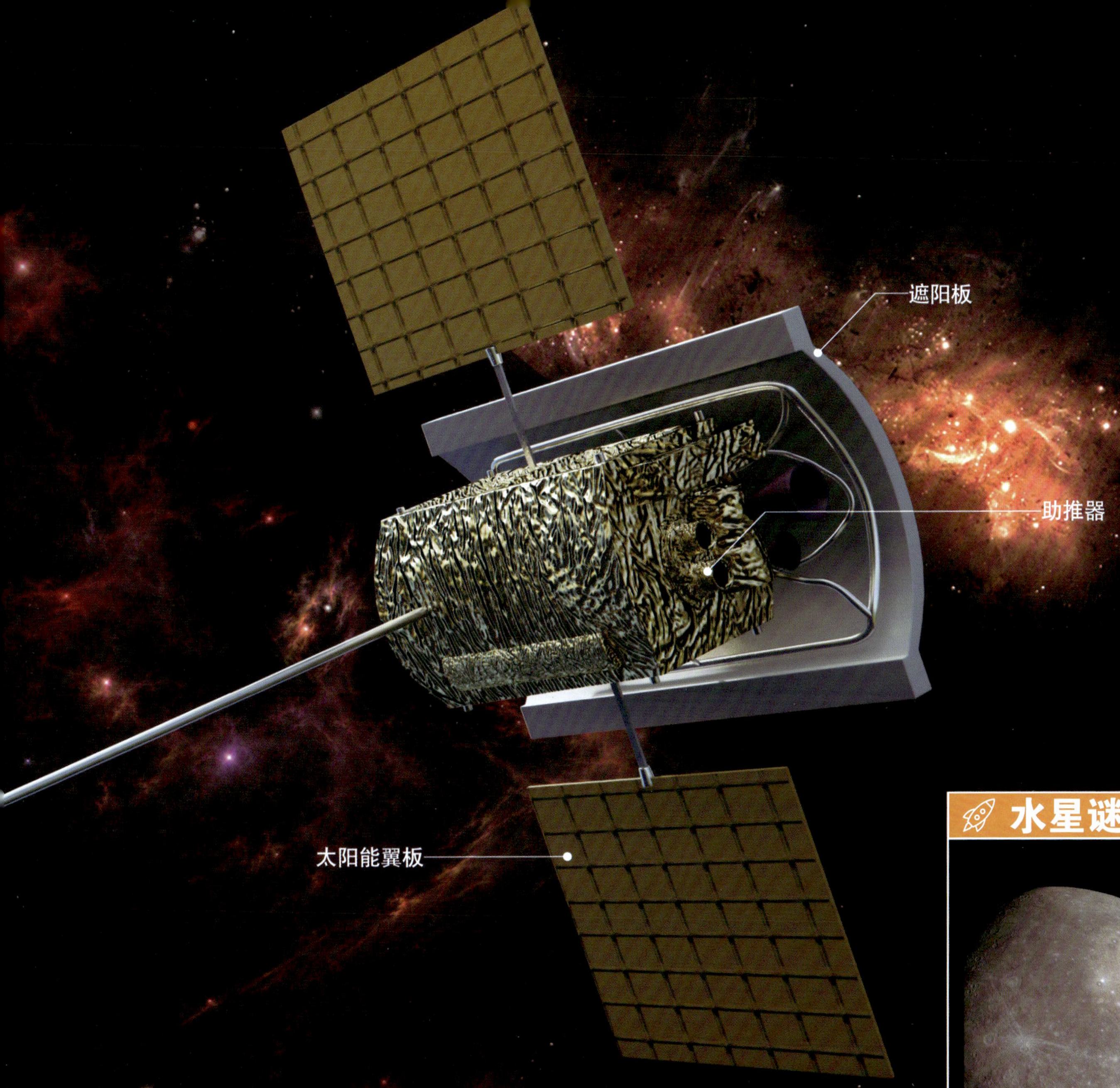

水星谜团

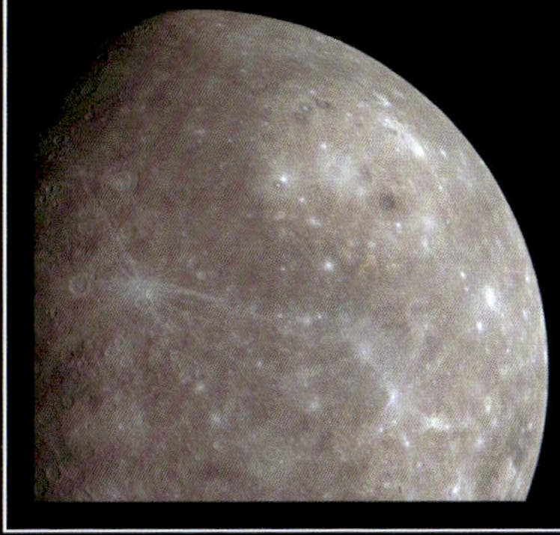

“信使”号水星探测器解开了水星众多谜团。它在飞行期间观测到许多未知区域，我们已经绘制出 98% 的水星表面地形图。它还为科学家提供了有关水星表面特定元素数量的观测数据。科学家对于它发射回的数据进行分析后，发现水星表面有火山活动迹象，以及磁亚暴的信息。

国际空间站

国际空间站的计划前身是美国的自由空间站计划。在此之前苏联和俄罗斯先后成功运行过 8 个空间站，国际空间站是人类史上第 9 个载人空间站。组装成功的空间站主要用来做科学研究和开发太空资源，为人类提供一个长期在太空轨道上观测地球和宇宙的平台。1988 年 11 月 20 日国际空间站第一个部件“曙光”号功能货舱发射升空，计划在 2024 年后结束使命，脱离轨道坠入大海。

中国空间站

中国空间站的建造计划在 2010 年至 2015 年间进行，中国空间站是一个组装成的具有中国特色的空间实验室系统。中国空间站分为一个核心舱和两个实验舱，每个部分重达 20 吨，整体形状为 T 形。中国空间站的设计寿命为 10 年，长期驻留 3 人，运营阶段每半年实施一次人员轮换，在运转初期将采用人员间断访问方式。

概念中的空间站

在想象中空间站是什么样子的呢？曾经人们的第一反应就是它需要一个大大的飞轮，空间站的形状是个圆筒形，像地球一样也有自转，也能产生重力。

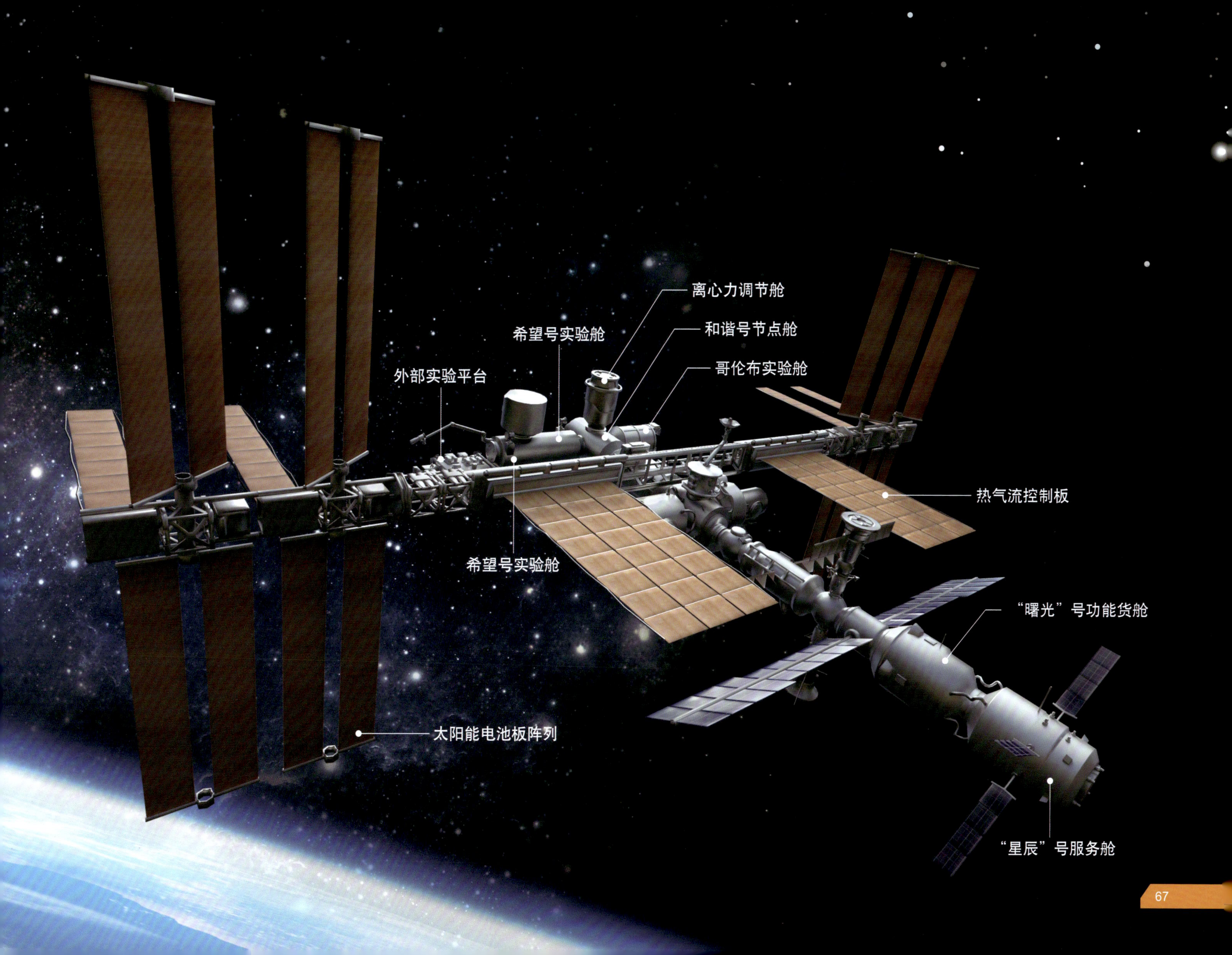
离心力调节舱
和谐号节点舱
哥伦布实验舱
希望号实验舱
外部实验平台
热气流控制板
希望号实验舱
“曙光”号功能货舱
太阳能电池板阵列
“星辰”号服务舱

“联盟”号飞船

苏联在航空航天方面经过了多年的研究和探索之后，开发出一种最成熟的载人航天器，它就是“联盟”号飞船。“联盟”号飞船是苏联研制的第三代载人飞船。它是一种多座位飞船，其中有 1 个指挥舱和 1 个供科学实验和航天员休息的舱房。在 1967 年到 1981 年间共发射了 40 艘“联盟”号飞船。由“联盟”号飞船衍生出许多航天器，如“联盟 -T”飞船、“联盟 -TM”飞船、“联盟 -TMA”飞船。

商业用途

“联盟”号飞船受到肯定之后，俄罗斯便开启了它的商业用途。搭乘“联盟”号飞船是当时往返空间站的唯一途径，这为俄罗斯提供了更大的商机。美国曾在 2016 年到 2017 年上半年租用“联盟”号飞船运送六名航天员往返空间站。除美国航天员以外，“联盟”号飞船的乘客还有来自加拿大和日本的航天员。

“太空握手”指的是什么

1967 年到 1981 年间，“联盟”号飞船执行了多项任务，充分证明了自己的能力。在众多任务中最值得一提的就是 1975 年“联盟”19 号飞船与美国的“阿波罗”18 号飞船进行的空中对接任务。1975 年 7 月 15 日这一天，地球的东西方向各发射一枚火箭，在 17 日，两艘飞船在地球轨道实现了对接任务，这一历史性的对接任务被人们称为“太空握手”。

发射逃生系统
指挥舱
轨道舱
返回舱
推进舱

日本HTV货运飞船——白鹤

日本得知美国的航天飞机即将退役，而日本在国际空间站的希望号舱段的实验计划仍需继续，日本渴望拥有属于自己的货运飞船，于是便有了日本 HTV 货运飞船。它是由日本航空航天探索局专门为国际空间站计划研发、由三菱重工制造的飞行器。HTV 货运飞船也被称为“白鹤”，在日本传统文化中鹤是能够送来幸运的鸟。它的外形呈圆柱体，直径 4.4 米，长约 9.8 米，空重 10.5 吨。它配有非压力密封舱和舱门足够宽的压力密封舱，它能够将 6 吨重的补给运送到国际空间站，然后将废物带回地球并在大气层内燃烧掉。

内部剖析

日本 HTV 货运飞船的舱段分为四个部分，分别是加压舱、不加压舱、电器舱和推进舱，它的每一个部分都有自己重要的用途。加压舱主要放置一些食物和水等生活补给和大型试验设备，进入加压舱的航天员可以不用穿着航天服，加压舱主要位于与空间站的对接处。不加压舱主要是放置空间站外部机械与试验平台仪器的区域。

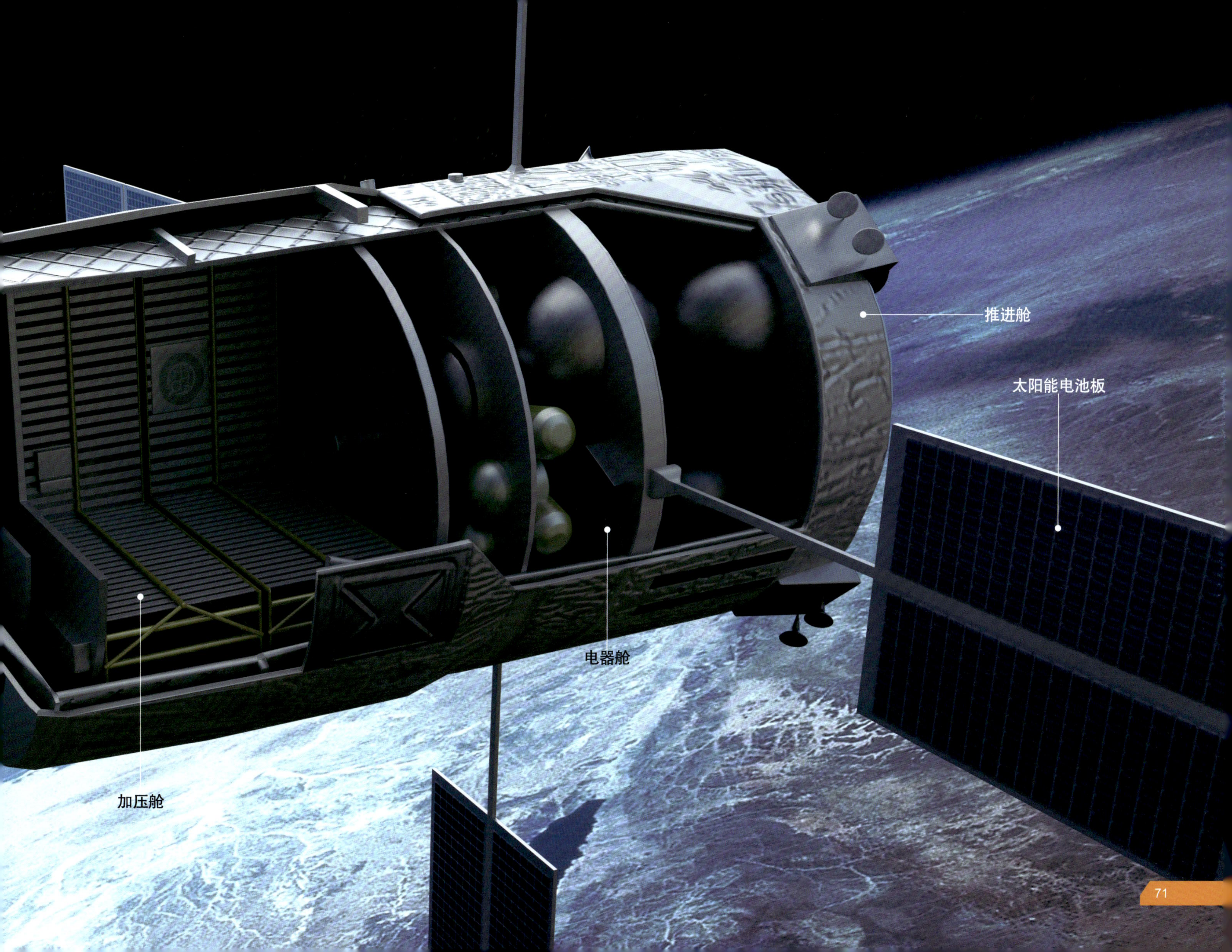
推进舱
太阳能电池板
电器舱
加压舱

航天飞机

航天飞机是一种需要有人驾驶、能够穿越大气层、往返于太空和地面之间的航天器，它和其他一次性航天器一样需要依靠火箭的推力送入太空。航天飞机结合了飞机与航天器的性能，就像是插了翅膀的太空飞船。迄今为止，只有美国和苏联曾经制造出能够进入地球轨道的航天飞机。2011 年 7 月，美国航天飞机退役，这意味着美国航天飞机时代的终结。

航天飞机的特别之处

航天飞机和其他一次性航天器一样需要利用火箭动力垂直升入太空。但它与其他航天器不同的是它带有像飞机一样的机翼，既然保留了机翼的造型自然有它的道理。它的机翼不仅可以在航天飞机回到地球进入大气圈的过程中起刹车的作用，还可以在降落时提供升力，与滑翔机的作用类似。因为它带有机翼，因此航天飞机的有效载荷率会降低。

航天飞机出世

美国是世界上第一个拥有航天飞机，并且成功利用航天飞机完成载人任务的国家。1969 年 4 月美国国家航空航天局提出建造一种可以重复利用的航天器，于是就有了建造航天飞机的计划。经过多次试验和不断地探索，第一架航天飞机终于出现在历史的舞台，这也是航天技术发展史上的一个里程碑。

哥伦比亚号

1981 年 4 月 12 日，世界上第一架航天飞机——“哥伦比亚”号发射成功，它是美国第一架正式服役的航天飞机，从这一天起美国开始了长达 30 年的航天飞机计划。直到 2011 年 7 月 21 日美国“亚特兰蒂斯”号航天飞机在佛罗里达州肯尼迪航天中心结束了它的最后旅程，标志着美国航天飞机时代的结束。

航天飞机的时代意义

任何事物都有它产生和发展的意义，航天飞机是一个时代的产物，是人类探索太空的象征，虽然它有着诸多不完美之处，但它对国际空间站的建设、对人类探索项目的推动起到了重大作用。如今，航天飞机的使命终将完结，各国的目标是寻找更加经济适用、更加安全的航天器，而航天飞机将会在博物馆中接受人们的观赏。

“徘徊者”号探测器

“徘徊者”号探测器的出现是为了美国阿波罗登月做铺垫，除此之外还有两个系列的月球探测器，分别是月球轨道环行器和月球勘探者探测器。从 1961 年 8 月到 1965 年 3 月，美国共向月球发射了 9 颗“徘徊者”号探测器，主要任务是研究整个月球，测量月球附近辐射等，对月球整体环境进行评估。“徘徊者”号探测器共有 9 次月球着陆任务，但是前两次发射失败，第三次火箭瞄准出现偏差，第四次控制系统出现故障，第五次动力系统发生故障，第六次着陆成功却没有得到照片，第七次是“徘徊者”号首次获得成功，直到第八次和第九次发射才得到了高质量的月球照片。

第一次的成功

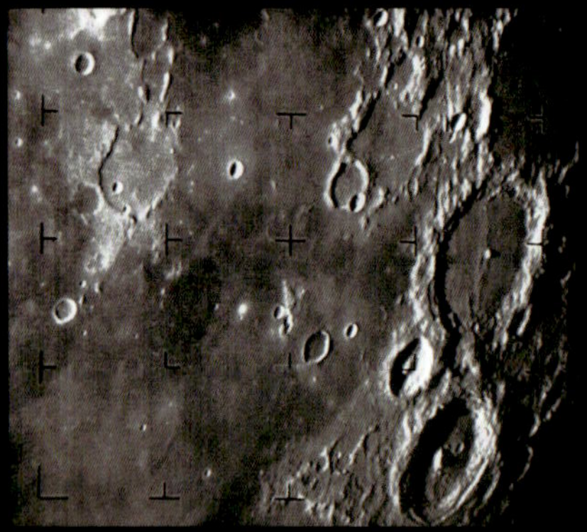

1964 年 7 月 28 日“徘徊者”7 号探测器发射成功，这是徘徊者系列第一次取得成功的探测器。它的外形像是个大蜻蜓，装有 6 台摄像机，其中两台带有广角镜头，它总共向地球传送了 4308 幅月面图像，其中一些图像在离月面 300 米处拍摄，展现了月球上一些直径小到 1 米的坑和几块 25 厘米宽的岩石。

Block I 型

“徘徊者”1 号、2 号，重量为 304 千克，具有一个宽 1.5 米的六边形底座，底座上方安装着一个锥形支柱，高 4 米，在它两旁分布两个太阳翼，展开以后可达 5.2 米，能够摄取足够多的能量。“徘徊者”号探测器在地月轨道变轨过程中进行了一次矫正。“徘徊者”号探测器带有电视摄像机、发送和传输装置、γ 射线分光计等设备，并且第一次采用模块结构技术。

Block II 型

“徘徊者”3 号、4 号、5 号，高 3.1 米，重 330 千克，装备有软木包裹的月球撞击舱。推进系统采用推力为 22.6 千牛的单元肼（jǐng）发动机。电力系统依然采用太阳翼，为 1 千瓦·时的银锌电池充电。通信系统由 2 个 960 兆赫发射机、1 副高增益天线和 1 副全向天线来实现。温控系统利用白色涂层、金铬涂层和镀银塑胶来实现。

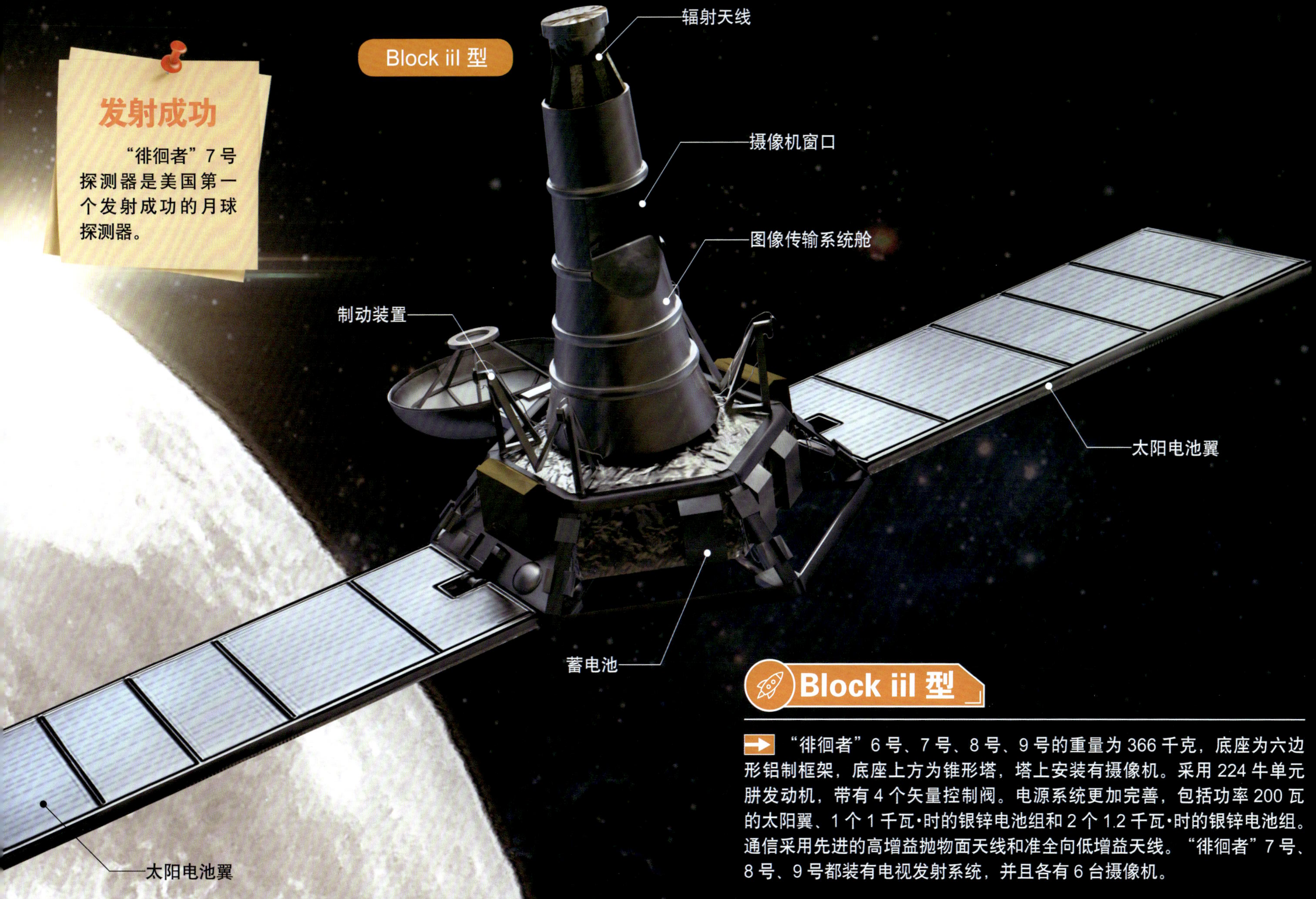

发射成功

“徘徊者”7号探测器是美国第一个发射成功的月球探测器。

Block iil 型

“徘徊者”6号、7号、8号、9号的重量为366千克，底座为六边形铝制框架，底座上方为锥形塔，塔上安装有摄像机。采用224牛单元肼发动机，带有4个矢量控制阀。电源系统更加完善，包括功率200瓦的太阳翼、1个1千瓦·时的银锌电池组和2个1.2千瓦·时的银锌电池组。通信采用先进的高增益抛物面天线和准全向低增益天线。“徘徊者”7号、8号、9号都装有电视发射系统，并且各有6台摄像机。

“阿丽亚娜”4号运载火箭

“阿丽亚娜”4号运载火箭是一次性火箭，是“亚利安”系列运载火箭的第4款型号，由欧洲阿丽亚娜太空公司生产。在1988年6月15日“阿丽亚娜”4号运载火箭首次成功发射，总共发射了116次，仅有3次失败。“阿丽亚娜”4号运载火箭提升了运载量，从“阿丽亚娜”3号运载火箭的1700千克直接提升到“阿丽亚娜”4号运载火箭的4800千克。由于“阿丽亚娜”5号运载火箭可以承载更大重量，所以“阿丽亚娜”4号运载火箭在2003年2月宣布退役。

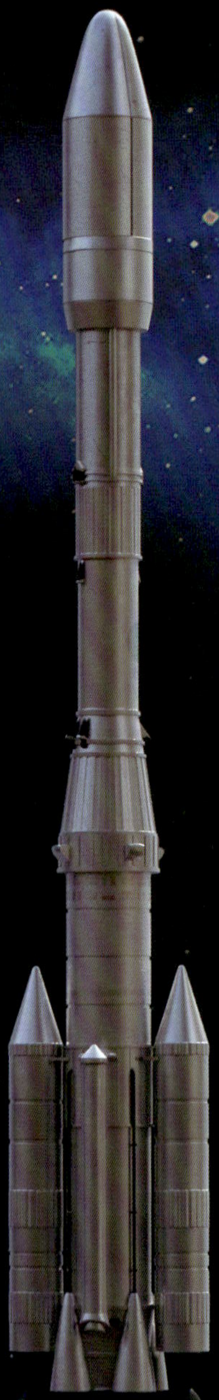

发展背景

1979 年 12 月“阿丽亚娜”1 号运载火箭首次登场，并且成功试飞，在 1981 年正式开始商用，从此欧洲的运载火箭技术开始迅速发展。20 世纪 80 年代之后，商业通信卫星技术的发展及大量应用推动了运载火箭的发展，然而通信功能的发展亟须提高火箭运载能力，火箭出现了供不应求的局面，因此欧空局陆续研发了“阿丽亚娜”2 号、3 号、4 号、5 号运载火箭。

技术指导

AR-40 型是所有“阿丽亚娜”4 号运载火箭的基本型，属于三节式运载火箭，高度是 58.4 米，直径是 3.8 米，发射质量可达 245000 千克，主引擎是四颗维京 2B 火箭引擎，推力可达 667 千牛顿。第二节使用一颗维京 4B 引擎，第三节使用的是液态氧及液态氢的 HM7-B 引擎。

“阿丽亚娜”5 号运载火箭

“阿丽亚娜”5 号运载火箭是世界上第一个“少级数、大直径”的大型运载火箭。在 1996 年 6 月 4 日第一次发射，但发射失败，1997 年 10 月 30 日第二次发射，获得成功。在第三次发射成功后正式投入商用。

“旅行者”号探测器

“旅行者”号探测器是美国研制的两颗行星探测器，它出自“水手计划”，原名“水手”11 号和“水手”12 号。它们在 1977 年发射升空，并且沿着各自不同的轨道飞行。它们的主要任务是探测太阳系外围的行星。“旅行者”1 号和 2 号共同探访了木星和土星，“旅行者”2 号独自探访了天王星、海王星和冥王星。“旅行者”1 号在离开土星后，美国国家航空航天局随即让“旅行者”1 号开始了星际探索任务。估计两艘“旅行者”号探测器上的电池，均能够提供足够电力至 2025 年。

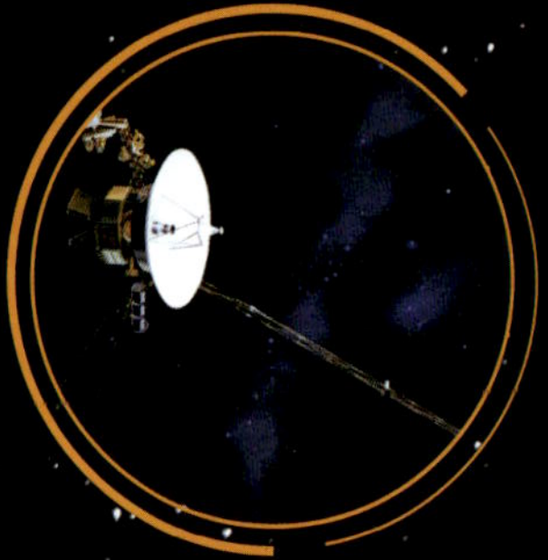

“旅行者”1 号

在 1977 年 9 月 5 日“旅行者”1 号乘“泰坦”3 号 E-半人马座火箭在佛罗里达州发射升空。在 1979 年“旅行者”1 号首次对木星进行拍摄，在拜访木星时，意外地发现了木卫一具有火山活动，这在地球上是无法观测到的。随后“旅行者”1 号去探访了土星，发现土卫六具有浓密的大气层，于是它留下近距离探测土卫六，在探测过程中却遇到了额外引力的影响，最终离开了航道。

“旅行者”号的先进技术

“旅行者”1 号和 2 号这两个姐妹携带的电力将持续到 2025 年，到那时，它们的电力耗尽后将会飞向银河系的中心。这两个探测器各重 815 千克，它们主要依靠巨行星的引力作用来变更轨道，从而可以探测多个行星。它们携带有宇宙射线传感器、等离子体传感器、磁强计、广角及窄角电视摄像仪、红外干涉仪等 11 种科学仪器，耗资 3.5 亿美元。

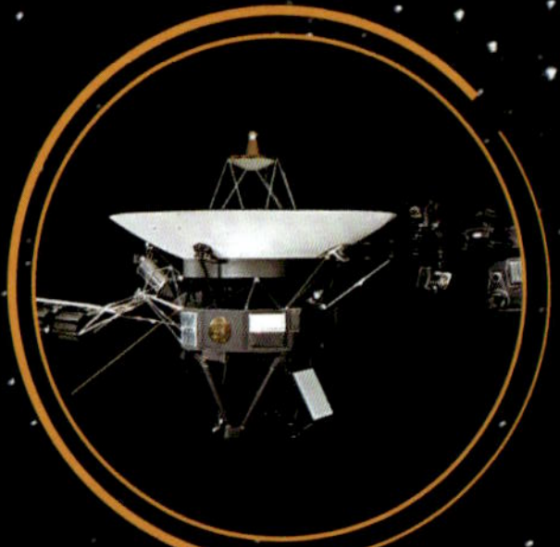

“旅行者”2 号

“旅行者”2 号在 1977 年 8 月 20 日发射升空并跟随“旅行者”1 号拜访了木星、土星，随后“旅行者”2 号又去拜访了天王星和海王星。“旅行者”2 号在 1986 年 1 月 24 日在天王星附近发现了 10 颗之前未知的天然卫星，并观测到了天王星已知的九个环。之后“旅行者”2 号又飞向海王星，在海王星附近观测到海王星的大暗斑。随后“旅行者”2 号又掠过冥王星，最终离开太阳系。

变更轨道

它们利用巨行星的引力作用来变更轨道达到探测多颗行星的目的。

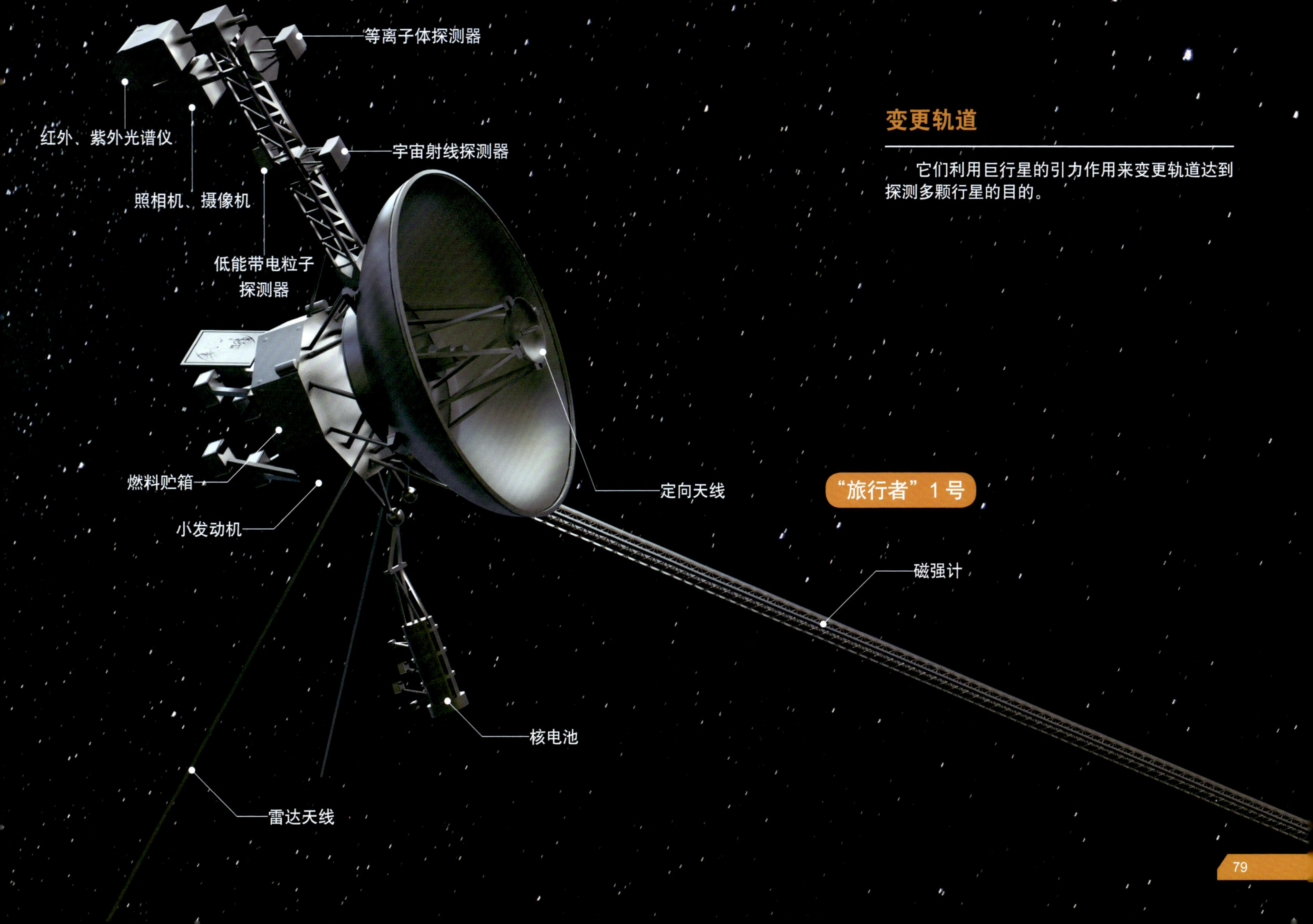

长征运载火箭

长征运载火箭是指长征系列运载火箭，它是中国自行研制的航天运载工具。1970年4月24日，“长征一号”运载火箭首次成功发射“东方红”1号卫星，这是中国掌握了进入太空的能力的标志。长征系列运载火箭为中国航天技术的发展做出了巨大贡献。截至2021年12月14日，长征系列运载火箭已经发射了401次，发射成功率在95%以上。1996年10月至2009年4月，长征系列运载火箭发射连续成功75次。它的可靠性吸引许多国外用户，截至2017年12月，中国长征火箭累计为国内外用户提供了60次商业发射，其中搭载发射服务15次。

“长征一号”系列运载火箭

长征系列运载火箭一共完成了四代，其中“长征一号”和“长征二号”为第一代，它们是由战略武器型号改进而来，具有明显的战略武器型号特点，其运载能力等总体性能偏低、使用维护性差。“长征一号”系列拥有“长征一号”到“长征一号丁”，它们主要用于近地轨道小型有效载荷。“长征一号”共进行了2次发射，均获成功，在1971年退役。

长征系列运载火箭的发展意义

中国首颗人造卫星发射成功以后，标志着中国具备了独立进入太空的能力，经过不断的努力和发展，长征运载火箭应运而生，长征系列运载火箭由常温推进剂到低温推进剂、由末级一次启动到多次启动、从一箭单星到一箭多星、从载物到载人，不断突破自己，发展成为今日的庞大家族，它为中国航天技术的发展提供了广阔的舞台，推动了中国卫星及其应用以及载人航天技术的发展。

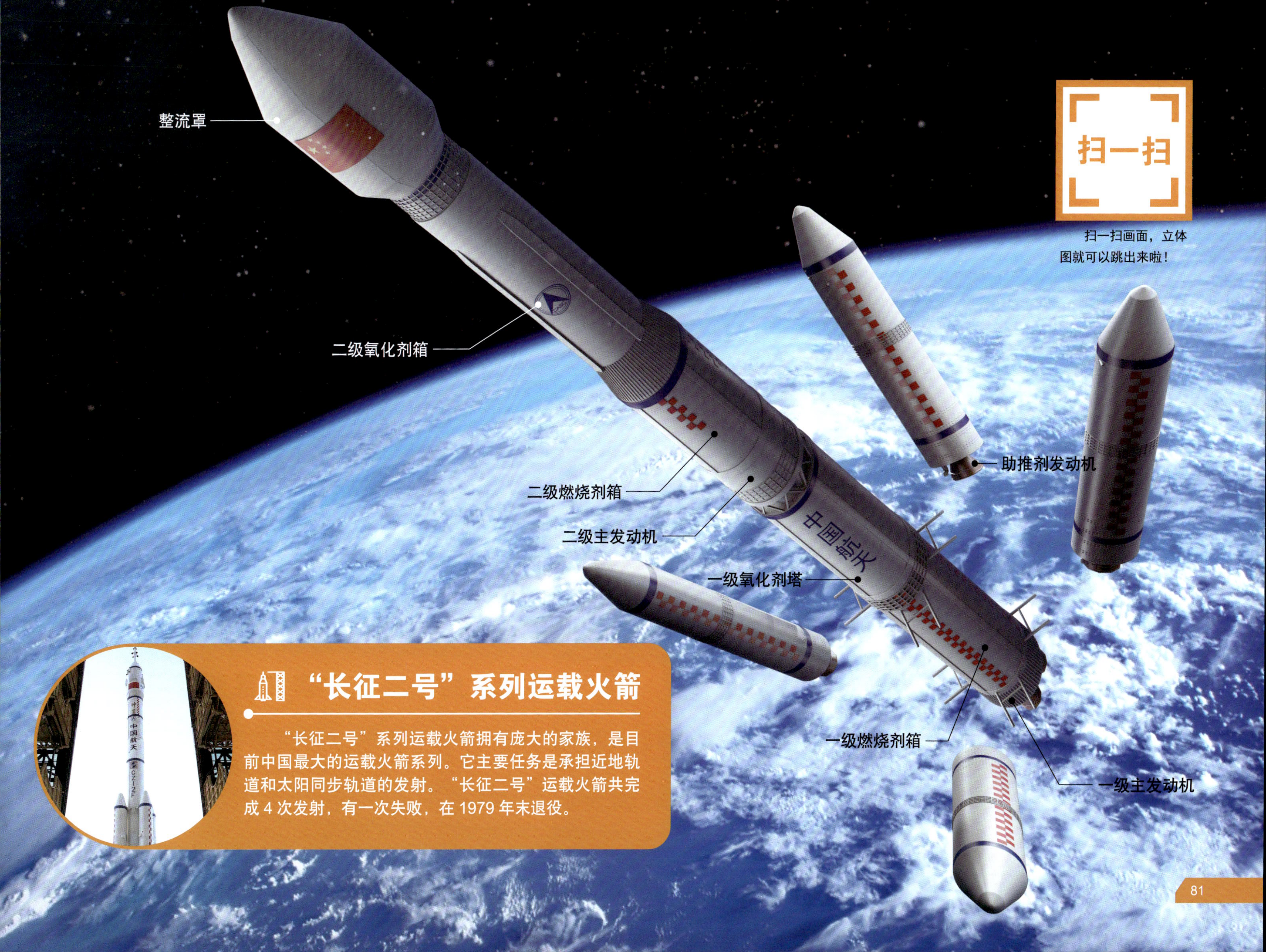

扫一扫

扫一扫画面，立体图就可以跳出来啦！

“长征二号”系列运载火箭

“长征二号”系列运载火箭拥有庞大的家族，是目前中国最大的运载火箭系列。它主要任务是承担近地轨道和太阳同步轨道的发射。“长征二号”运载火箭共完成 4 次发射，有一次失败，在 1979 年末退役。

“神舟五号”飞船

“神舟五号”飞船是中国第一艘载人航天飞船，是中国“神舟”系列飞船中的第五艘。于 2003 年 10 月 15 日 9 时在酒泉卫星发射中心成功发射。“神舟五号”飞船的成功发射标志着中国成为继苏联和美国之后的第三个独立掌握载人航天技术的国家。航天员杨利伟将一面五星红旗送入太空，这是我国在航天事业上具有里程碑意义的一刻。飞船由轨道舱、返回舱、推进舱和附加段组成，总重 7840 千克，以平均每 90 分钟绕地球 1 圈的速度飞行，飞船环绕地球 14 圈后在预定地区着陆。中国在航天事业上迈出了重要的一步，今后还将不断地努力，建立更加完整的航天体系。

中国航天第一人

杨利伟乘坐“神舟五号”飞船进入太空，成为中国第一位进入太空的太空人，他是中国培养的第一代航天员。2003 年 11 月 7 日在中国首次载人航天飞行庆祝大会上，杨利伟获得“航天英雄”的称号，并向他颁发了“航天功勋奖章”，以表彰他为中国航天事业做出的贡献。

飞船使命

“神舟五号”飞船的任务是：完成首次载人飞行试验；在飞行期间为航天员提供必要的工作条件；确保航天员和回收物品在完成任务后安全返回地球；确保在发生重大故障后航天员能够通过其他系统的支持，人工控制安全返回地面；飞船的留轨舱进行空间应用实验。

什么是航天育种试验

从 1978 年开始到 2001 年初，中国共进行了 10 次植物种子的搭载试验，并且取得了成功，试验物种有谷物、棉花、油料、蔬菜、瓜果等主要作物品种。种子上太空中旅行一圈然后返回地面，经过种植优选，粮食即可实现增产，这项试验为农业经济带来了重大突破。

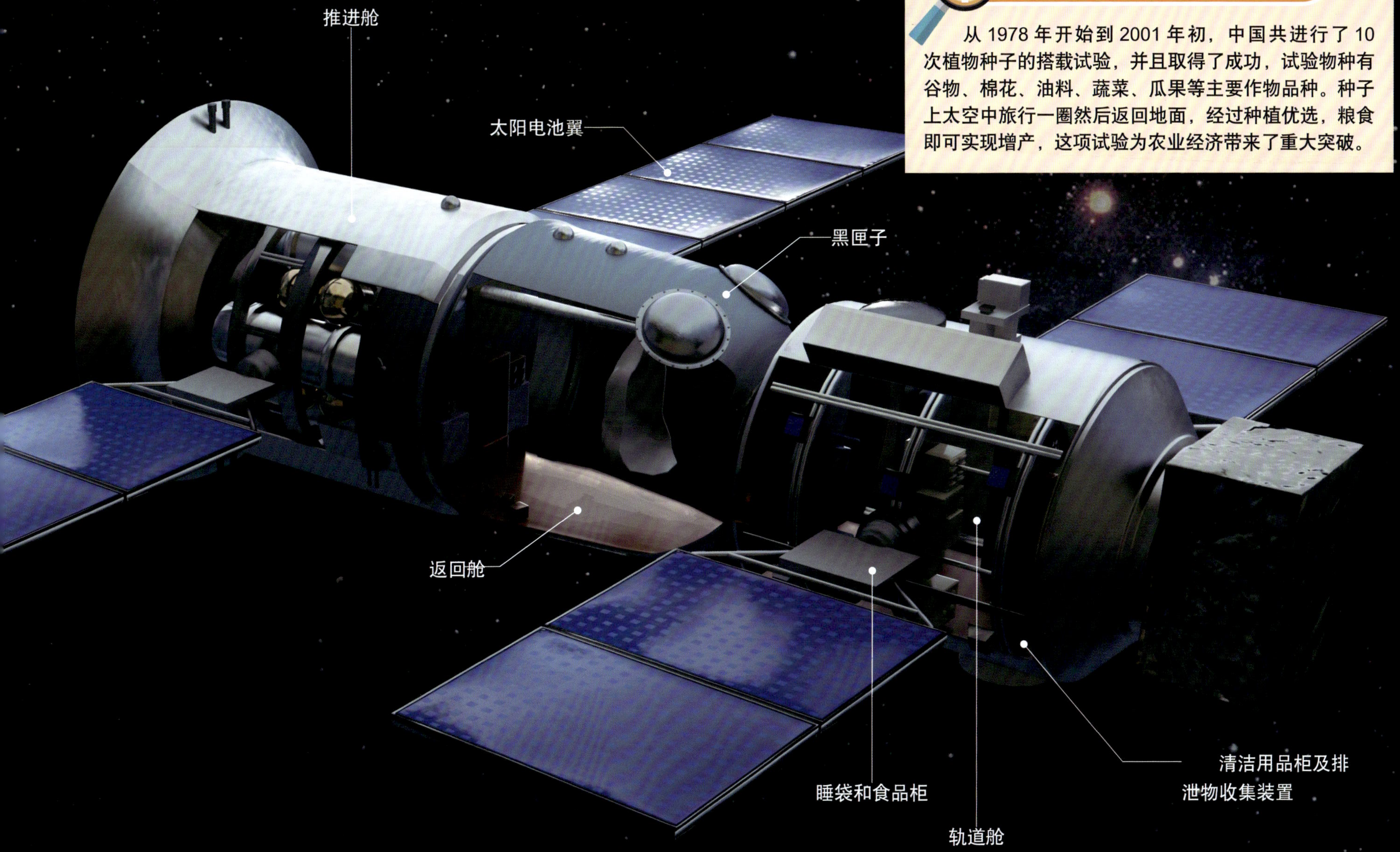

“神舟十一号”飞船

“神舟十一号”飞行任务是中国第六次载人飞行任务。2016 年 10 月 17 日 7 时 30 分，“神舟十一号”载人飞船通过“长征二号 FY11”运载火箭在酒泉卫星发射中心成功发射进入太空。“神舟十一号”飞船进入轨道之后，在 10 月 19 日凌晨，与“天宫二号”空间站自动交会对接成功，形成组合体，航天员景海鹏、陈冬进驻“天宫二号”空间站。在这期间航天员要按照要求展开有关科学试验。11 月 17 日 12 时 41 分，“神舟十一号”飞船与“天宫二号”空间站成功分离，航天员踏上了返回之旅。11 月 18 日下午，飞船顺利着陆，“天宫二号”空间站继续它的独立运行模式。这是一次持续时间最长的中国载人飞行任务，时间长达 33 天。

与“天宫二号”空间站交会对接

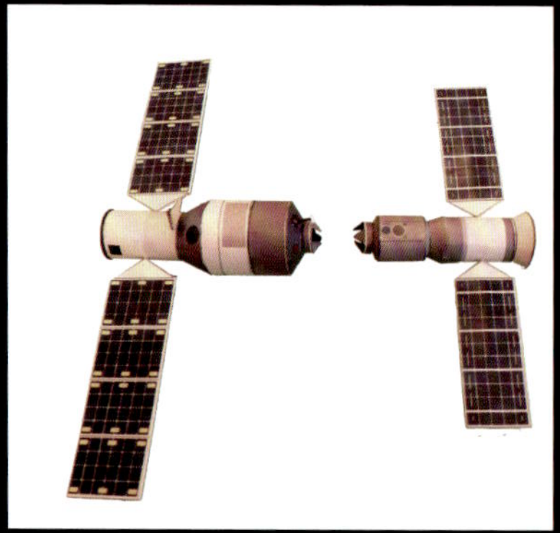

2016 年 10 月 19 日凌晨，“神舟十一号”与“天宫二号”空间站自动交会对接。想要对接成功首先需要两个飞行器在彼此距离相隔上万公里的太空能互相找到，然后慢慢接近，保证两个航天器在同一时间到达轨道上同一个位置。“神舟十一号”飞船经过 2 天的飞行，最终与“天宫二号”空间站相见，然后不断确认位置、调整姿态和速度，最终严丝合缝地对接到一起。

飞船任务

“神舟十一号”飞船主要有三个任务：第一，要为“天宫二号”空间站在轨运营提供人员和物资，考核空间站的交会对接和载人飞船的返回技术；第二，完成与“天宫二号”空间站交会对接，考核航天员驻留时的生活、工作和健康保障能力；第三，开展有人参与的航天医学、空间科学、在轨维修试验等。

更加人性化

这次飞行更加注重航天员的生活质量，首次建立起了天地远程医疗支持系统，通过天地协同会诊来为航天员看病；更加注重航天员的营养摄入问题，提供有近百种航天食品，膳食结构也更加科学，以满足航天员能够摄入足够的营养，并且也考虑到了个性化需求，变得更加人性化。

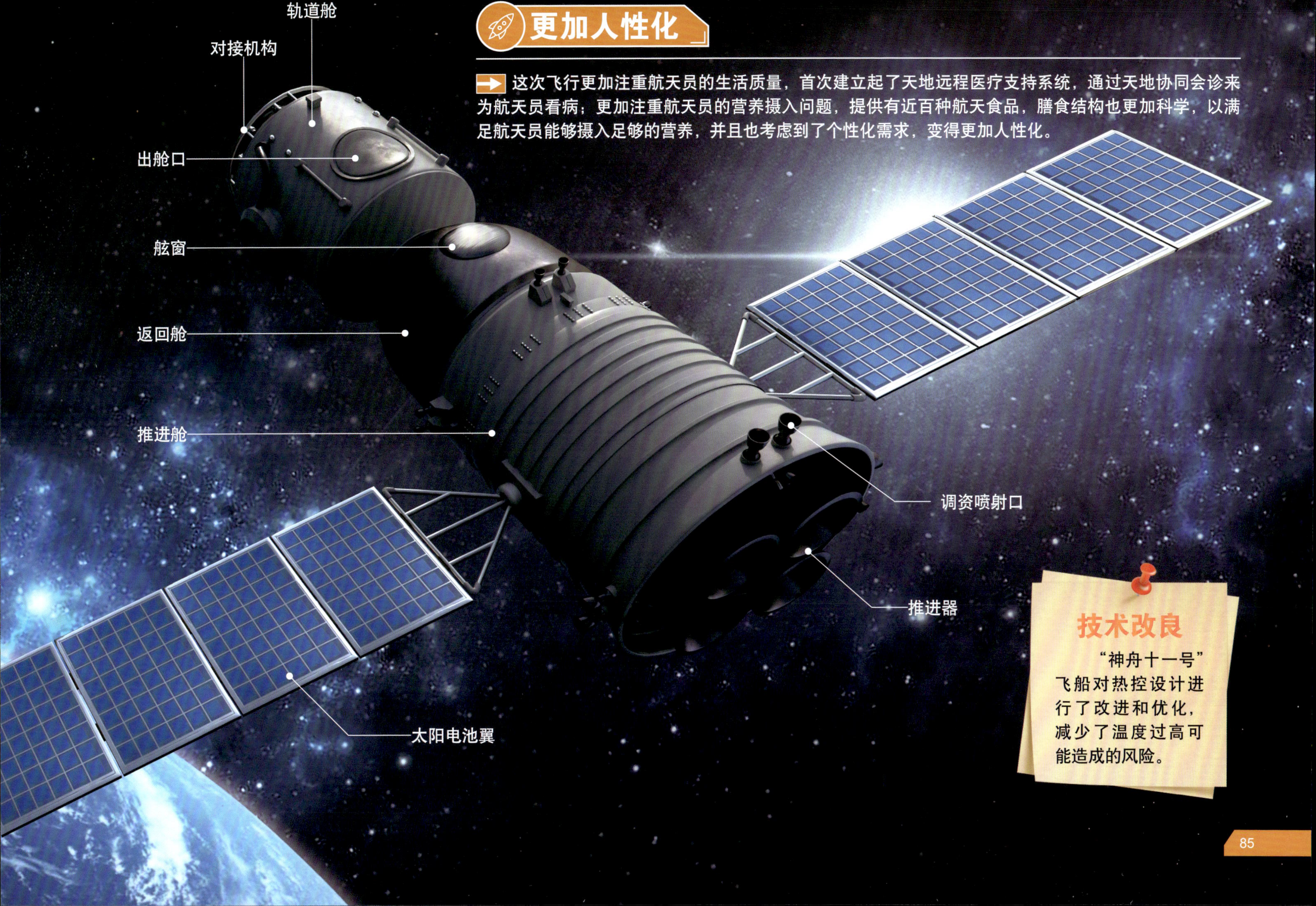

技术改良

“神舟十一号”飞船对热控设计进行了改进和优化，减少了温度过高可能造成的风险。

“嫦娥三号”月球探测器

2013 年 12 月 2 日“嫦娥三号”月球探测器在中国西昌卫星发射中心升空。它搭乘的是“长征三号乙”运载火箭，在 12 月 14 日成功着陆于月球雨海西北部，15 日完成着陆器、巡视器分离。这次登月的主要任务包括“寻天、观地、测月”的科学探测和其他预定任务。“嫦娥三号”月球探测器成功完成了这次的任务，并且我们通过此次登月获得了一定成果。“嫦娥三号”月球探测器是中国嫦娥工程二期中的一个探测器，是中国第一个月球软着陆的无人登月探测器。

探测任务

此次探测的工程目标是突破月面软着陆、月面巡视勘察、深空测控通信与遥操作、深空探测运载火箭发射等关键技术；研制月面软着陆探测器和巡视探测器，建立地面深空站；建立月球探测航天工程基本体系，形成重大项目实施的科学有效的工程方法，此次登月的科学任务是调查月表形貌与地质构造；调查月表物质成分和可利用资源；地球等离子体层探测和月基光学天文观测。

减速着陆方法

由于月球表面是没有大气层的，因此“嫦娥三号”月球探测器无法利用气动减速的方法着陆，这就需要“嫦娥三号”月球探测器靠自身推进系统减小约每秒 1.7 千米的速度，并不断调整姿态，不断减速以便在预定区域安全着陆。“变推力推进系统”的设计方案是经过反复论证后才提出的，从而破解了着陆减速的难题。

五大系统是什么

探测器系统、运载火箭系统、发射场系统、测控系统，以及地面应用系统是此次嫦娥工程的五大系统。其中探测器系统由中国航天科技集团公司负责，“嫦娥三号”月球探测器就是他们研制的。“嫦娥三号”月球探测器由着陆器和月球车两部分组成。

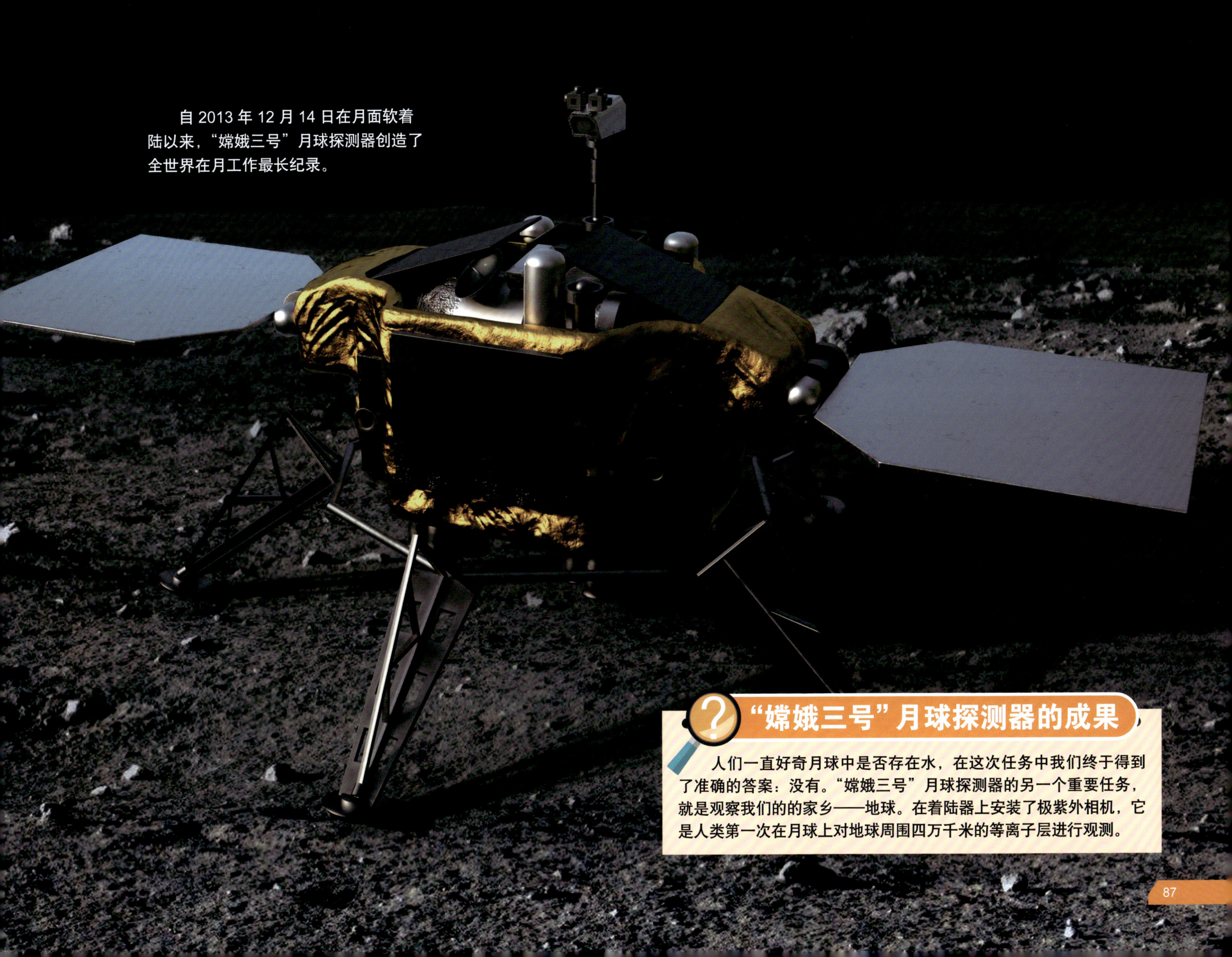

自2013年12月14日在月面软着陆以来，“嫦娥三号”月球探测器创造了全世界在月工作最长纪录。

“嫦娥三号”月球探测器的成果

人们一直好奇月球中是否存在水，在这次任务中我们终于得到了准确的答案：没有。“嫦娥三号”月球探测器的另一个重要任务，就是观察我们的的家乡——地球。在着陆器上安装了极紫外相机，它是人类第一次在月球上对地球周围四万千米的等离子层进行观测。

月球探测器——月球车

月球车是一种可以在月球表面行驶，用来完成月球考察和探测的专用车。它能够帮助人们在月球表面收集、取样，并且完成复杂的分析，是人类探索月球环境必不可少的工具，科学家通过月球车所带回的样本进行深入分析，使人类对月球有了更进一步的认识。月球车的造价很高，属于相当奢侈的一次性产品，它具备初级的人工智能，它能够识别、攀爬和翻越障碍物，就像是一个太空机器人，而且它必须要适应月球上的恶劣环境。月球在一个自转周期内，温差可达 310℃，因此巨大的温差是月球车需要克服的首要难关。月球车是个不可维修产品，因此它必须具备非常高的可靠性。当月球车完成自己的使命后将会继续留在月球上。

月球车与汽车有什么不同

月球车是不用汽油的，汽油的燃烧需要氧气，而月球上是没有氧气的。在月球上重力只有在地球上的六分之一，因此月球车不能像汽车那样开得很快，如果太快就会飞起来。最初的月球车的速度只有每小时 14 千米，还没有成年人步行的速度快。月球车没有方向盘，它只有一个操纵杆，而且月球车是一个成本很高的一次性产品。

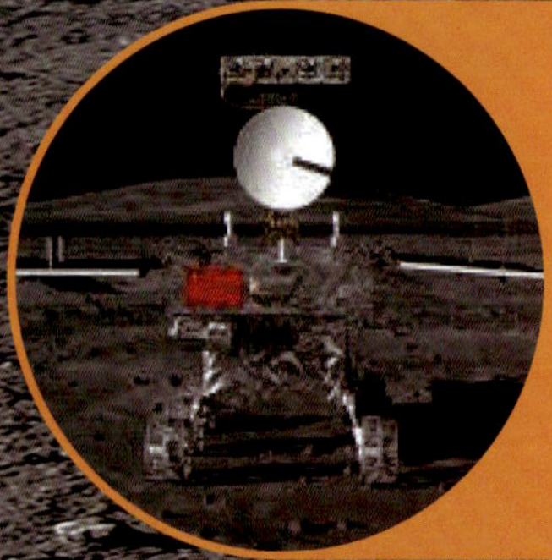

世界上第一辆月球车

苏联发射的无人驾驶的“月球车”1 号于 1970 年 11 月成功降落在月球上，它的绰号叫“梦想”，是苏联第一个“月球计划”的产物，是世界上第一辆月球车。

中国首辆月球车

2013 年 12 月 14 日“嫦娥三号”月球探测器在月球表面实现软着陆，并在月球上释放了我国第一辆月球车，它的名字叫“玉兔”号月球车。“玉兔”不仅体现了我国的传统文化，也表达了中国和平利用太空的心愿。

主要种类

➡ 月球车主要分为无人驾驶和有人驾驶两种。无人驾驶的月球车的一切行动完全靠地面的遥控指令，它们主要由轮式底盘和仪器舱组成，用太阳能和蓄电池供电。有人驾驶月球车是为航天员提供的在月面行走的车，它能够大大减少航天员的体力消耗，可随时采集标本。它的每个轮子各由一台发动机驱动，靠蓄电池供电，可向前、向后、转弯和爬坡。

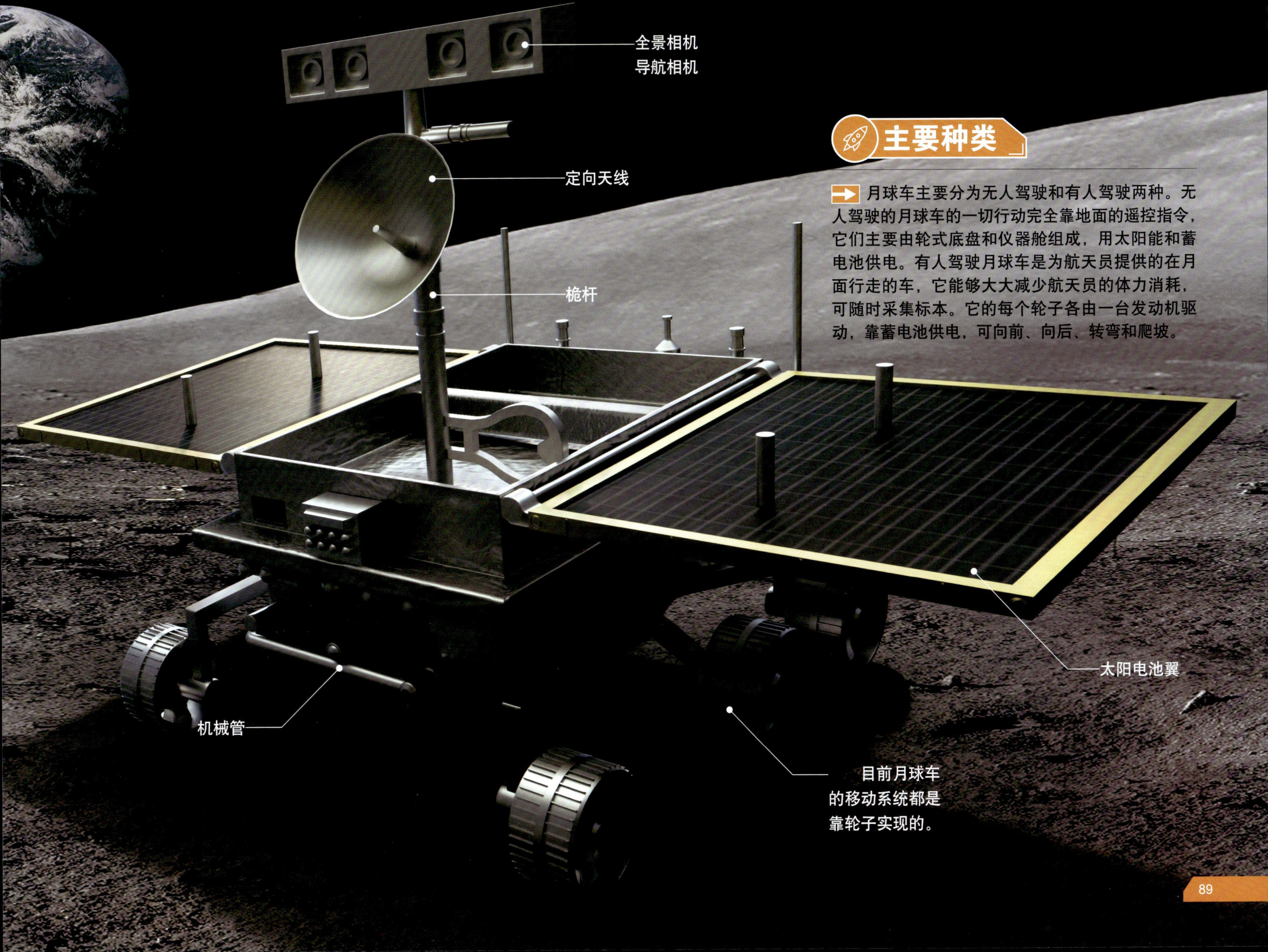

“天宫一号”空间站

“天宫一号”于 2011 年 9 月 29 日 21 时 16 分 03 秒在酒泉卫星发射中心由“长征二号”运载火箭发射升空，这是中国第一个目标飞行器和空间实验室，它全长 10.4 米，最大直径 3.35 米，分为实验舱和资源舱。“天宫一号”为航天员提供了更宽敞的可活动空间，达 15 立方米，能够同时满足 3 名航天员工作和生活的需要。实验舱前端装有被动式对接结构，可与追踪飞行器进行对接。“天宫一号”绕地球一圈的运行时间约为 90 分钟。最初它的设计使用寿命为两年，2013 年 6 月“神舟十号”飞船返回后，“天宫一号”即完成主要使命，服役期间一直表现良好。在 2018 年 4 月 2 日 8 时 15 分左右，“天宫一号”目标飞行器，在大气中焚毁，残骸落入南太平洋中部区域。

主要任务

“天宫一号”此次旅行主要有四个任务：“天宫一号”与“神舟八号”配合完成空间交会对接飞行试验；确保航天员在驻留期间的生活和工作能够安全进行；开展空间应用、空间科学实验、航天医学实验和空间站技术实验；建立短期载人、长期无人独立运行的空间实验站，为以后建造空间站积累经验。

超期服役

“天宫一号”在 2013 年 9 月圆满完成了它的所有任务。即使太空环境具有真空、低温、高辐射等特点，但“天宫一号”一直运行良好。因此“天宫一号”转入拓展任务飞行阶段，在拓展飞行的一年时光中，它进行了太阳电池翼发电能力测试、备份姿态测量和控制模式切换、4b 发动机变轨等试验，“天宫一号”已经严重超期服役，但它的所有设备运行正常，状态良好。

背景展望

1992 年 9 月 21 日，中国载人航天工程（又叫 921 工程）开始，计划确立了载人航天“三步走”的发展战略。经过多年不断地探索和努力，顺利完成第一步。从 2005 年起，“神舟六号”和“神舟七号”的发射标志着“三步走”战略第二部拉开序幕，现已完成大半部分，随后将进行空间交会对接，建立空间实验室。

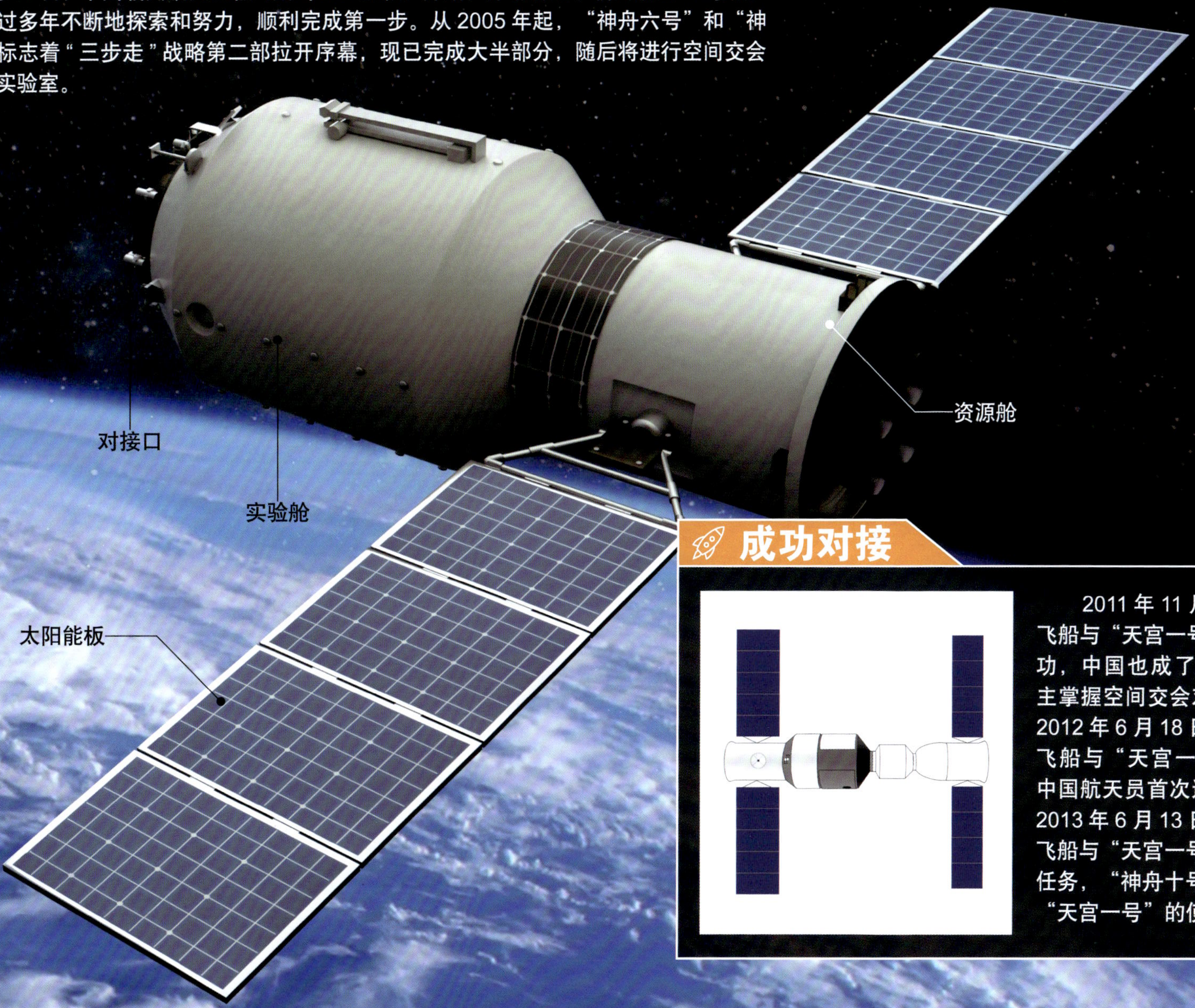

扫一扫

扫一扫画面，立体图就可以跳出来啦！

成功对接

2011 年 11 月，“神舟八号”飞船与“天宫一号”空间站对接成功，中国也成了世界上第三个自主掌握空间交会对接技术的国家。2012 年 6 月 18 日，“神舟九号”飞船与“天宫一号”成功对接，中国航天员首次进入在轨飞行器。2013 年 6 月 13 日，“神舟十号”飞船与“天宫一号”顺利完成对接任务，“神舟十号”飞船返回后，“天宫一号”的使命完成。

“深度撞击”号

2005 年 1 月 13 日，北京时间 2 时 47 分，美国彗星探测器——“深度撞击”号搭载德尔塔 II 型火箭发射升空。2005 年 7 月 4 日 05 时 44 分释放出一颗重 370 千克的铜弹，成功撞击坦普尔 1 号彗星的彗核，随后地球在 8 分钟后接收到撞击信息。这是人类历史上第一次与彗星亲密接触。深度撞击号分为撞击器和飞越探测器两个主要部分，探测器还携带了两个相机：高分辨率相机和中分辨率相机。这次“深度撞击”号的主要任务就是解答有关彗星方面的基本问题，例如彗核的成分、撞击造成的撞击坑深度、彗星的形成地点等。

撞击结果

这次撞击使彗星一共失去 500 万千克的冰，以及 1000 万 ~2500 万千克的尘埃。经过科学家的分析表明彗星含有比预期更多的尘埃及更少的冰。构成彗星的颗粒比较小，科学家把它比作“滑石粉”。彗星的成分有黏土、碳酸盐、钠以及硅酸盐结晶，并且彗星大部分体积都是中空的。

“深度撞击”号失联

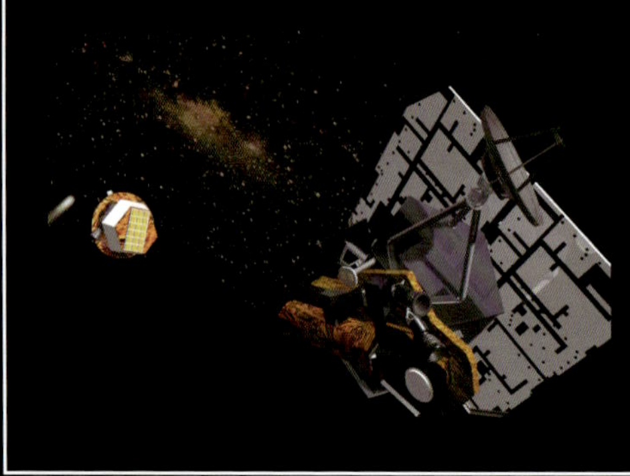

“深度撞击”号最后一次与地面联系是在 2013 年的 8 月 8 日，科学家经过一个月的不懈努力希望能够挽救“深度撞击”号，不幸的是科学家并没有成功，“深度撞击”号彻底失联，并且宣布该任务终止。

有何拓展任务

由于“深度撞击”号所搭载的仪器并没有出现问题，仍可以正常工作，因此研究人员为它安排了新的拓展任务。第一个拓展任务就是飞越 Boethin 彗星，但是这项任务并没有取得成功。

航天员与航天服

太空的环境极端恶劣，那里不仅没有人类所必需的氧气，而且温度极低，是人体所不能承受的，因此人们为了进入太空探索而研制出了航天服。航天员必须穿着航天服进入太空，不然必是死路一条。航天服是一套生命保障系统，在航天服里能够保证人体所需的氧气、温度以及大气压，航天员穿着航天服才能在太空中维持正常的生命活动，才能有效地完成太空探索。航天服是由飞行员密闭服的基础上发展而来的多功能服装，初期的航天服只能使航天员在船舱中使用，后期才研制出可以出舱的航天服。

扫一扫

扫一扫画面，立体图就可以跳出来啦！

航天服的历史

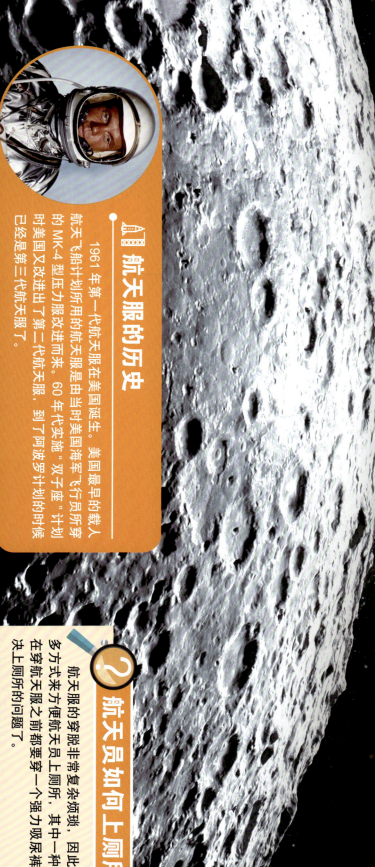

1961 年第一代航天服在美国诞生。美国最早的载人航天飞船计划所用的航天服是由当时美国海军飞行员所穿的 MK-4 型压力服改进而来。60 年代实施“双子座”计划时美国又改进出了第二代航天服，到了阿波罗计划的时候已经是第三代航天服了。

航天员如何上厕所呢

航天服的穿脱非常复杂烦琐，因此，人们发明了很多方式来方便航天员上厕所，其中一种方式就是航天员在穿航天服之前都要穿一个强力吸尿裤，这样就可以解决上厕所的问题了。

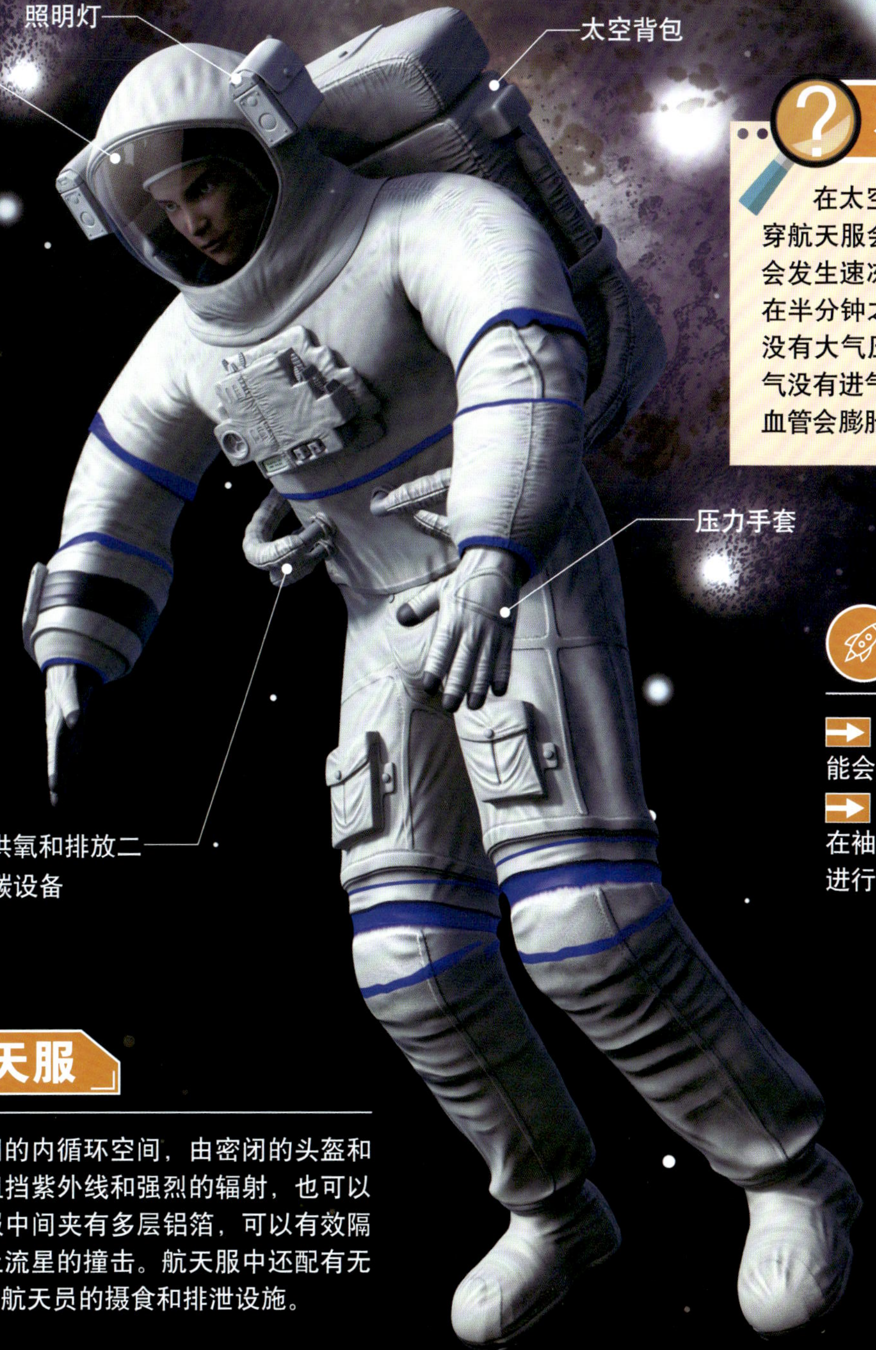

不穿航天服会怎么样

在太空不穿航天服是非常危险的事情，那么不穿航天服会发生什么呢？首先太空是极端寒冷的，会发生速冻现象，在-100℃以下的低温中，人体会在半分钟之内冰冻，根本来不及挣扎。而且太空中没有大气压，人体内的空气会迅速跑出去，只有出气没有进气，体内的压力会使眼球、耳膜向外突出，血管会膨胀，人体会崩溃。

那些你想不到的设计

- 因为温差的原因，在航天服的头盔上很有可能会起雾，所以在头盔里需要涂上一层防雾霜。
- 穿上了航天服行动有所不便，视野也变小了，在袖子的手腕处安装了反光镜，可以方便航天员进行观察。

神奇的航天服

- 航天服里是一个密闭的内循环空间，由密闭的头盔和密闭服组成。头盔可以阻挡紫外线和强烈的辐射，也可以提供氧气和压力。密闭服中间夹有多层铝箔，可以有效隔热、防止宇宙射线、防止流星的撞击。航天服中还配有无线电通信设备，以及配有航天员的摄食和排泄设施。

航天服上没有针眼

航天服上没有针眼，通过整体纺织一次性纺织出内部的管道、型腔。

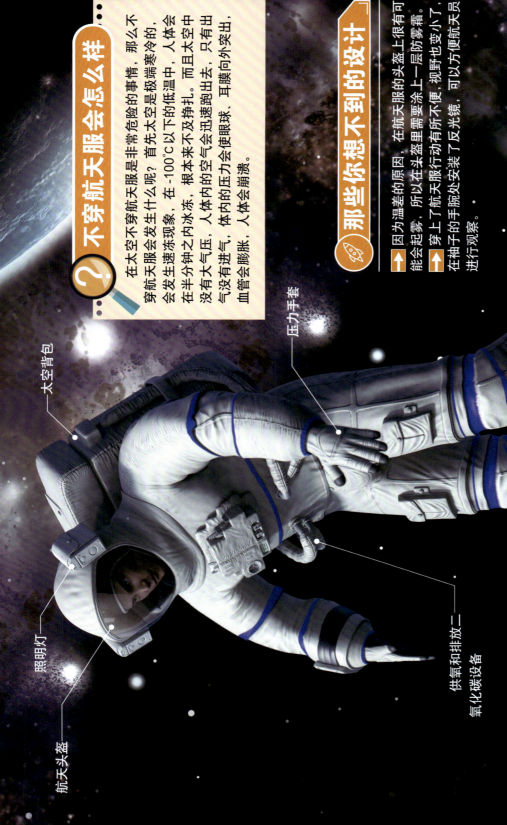

第四章 宇宙与人类

宇宙是那么令人着迷，越来越多的天文爱好者加入了观测宇宙的队伍。非常幸运的是，我们生活在天文知识极其繁荣的时代，我们有相当充足的条件来观测宇宙。人们不断地发掘宇宙的奥秘，盼望着有一天我们可以到其他星球上度假。但是，这真的可以实现吗？

路边天文学与业余天文活动

随着望远镜性能的不断提高，现代天文学有着突飞猛进的发展，这也吸引了更多人成为天文爱好者。天文学是一门古老的自然学科，主要依靠人类观测天体从而研究天体的分布、运动、位置、状态、结构、组成、性质及起源和演化。天文学最大的特点是它的研究方法是通过观测来收集各种信息。因此观测方法对于天文爱好者来说也是需要注意的一个方向。不断改进和拓宽天文观测的方法也是天文学家和天文爱好者的使命，更是推动天文学发展的动力。

天文观测的装备

其实观星并不需要多么复杂和昂贵的仪器，只要准备一些必要的工具保护好眼睛就可以观测璀璨的星空了。对于初学者来说一份旋转星图、一个双筒望远镜、一个指南针及手电筒就足够了。如果是在极黑暗的环境中，可以在手电筒前加两层红色玻璃纸，因为红色的光线对人眼的刺激较小，能够减轻对人眼的影响，在看完星图以后可以继续观测星空。

月球观测

对于众多天文爱好者和天文知识普及者来说，最初的观测都是从月球入手的。因为月球的视面积较大，表面清晰，而且观测方式简单，能够通过观测后得到可以验证的结果，对于初学者来说具有真实有效的实践意义。

如何选择观星观测地

山峰是最佳观测地，在城市里很难找到最佳观测地带，因为我们现在生活的环境大气污染和光污染比较严重，只有体积较大、亮度较高的天体才能勉强观测得到。

由于月球轨道是椭圆的，它和地球的距离总是变化的，因此从地球上看月球的直径也是不断变化的。

天文台的选址

气流的剧烈变化也会影响天文观测的结果，因此许多天文台会建在海拔很高的高山上。

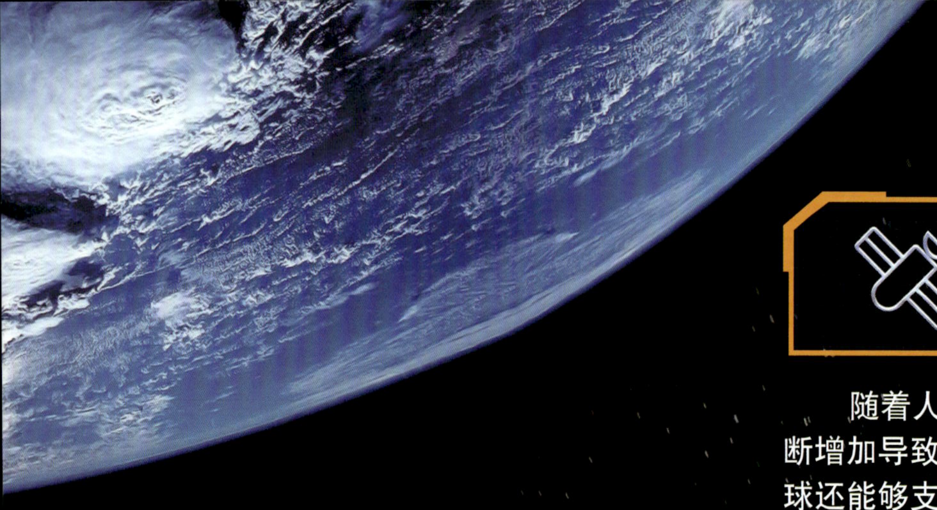

开发宇宙资源

随着人类社会的进步，人类生活越来越依赖电、汽油、天然气等能源了。人口的不断增加导致人类对能源的开发利用也越来越大，地球上的可用资源也越来越少。未来地球还能够支撑多久？人类终有一天会面临资源短缺的终极问题。因此为了环保，人们已经开发利用地球上的一些可再生能源，例如：风能、地热能、潮汐能等。在浩瀚的宇宙中隐藏着更巨大的资源等着我们开发利用，因此人们又将目光转向了未知的宇宙世界，如果利用得当就会造福人类。

暗能量

暗能量是宇宙中微妙的存在，暗能量的特点是具有负压，它几乎均匀分布于宇宙空间中。宇宙的运动都是旋涡形的，所以暗能量总是以一种旋涡运动的形式出现。 曾有科学家认为，黑洞能量也属于暗能量的一种。由于暗能量的神秘性，我们还没有完全研究清楚，所以现在还无法实现对暗能量的利用。

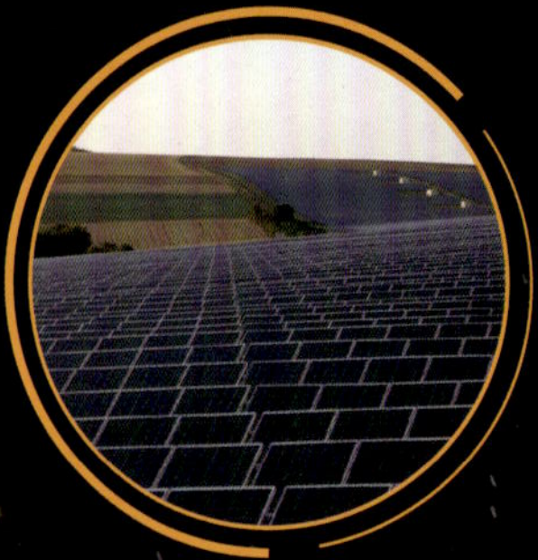

太阳能

说到宇宙资源，我们现在运用最多、最熟悉的就是太阳能了。我们发射升空的所有航天器都会装上太阳能电池板，都需要太阳能为航天器提供动能。在地球上我们通常用太阳能发电或者为热水器提供能源。

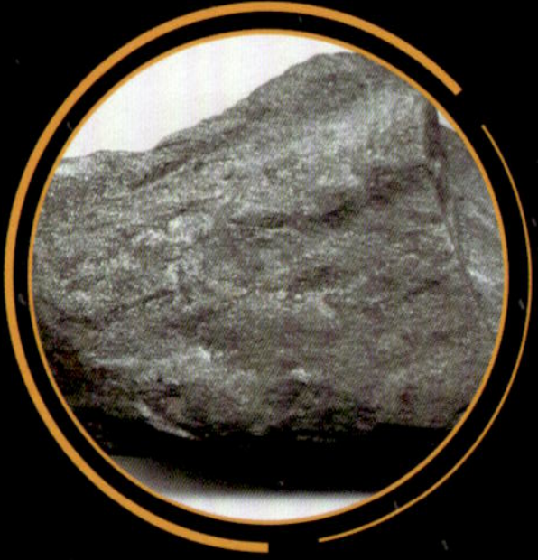

矿产资源

我们通过从宇宙中得到的样本中发现，宇宙中的矿产资源非常丰富。从月球上带回来的土壤样本分析得到，月球表面含有丰富的铁，非常便于开采和冶炼。而且月球土壤中含有丰富的氦-3，利用氘（chuān）和氦3进行的氦聚变可以作为核电站能源，这种聚变不会产生中子，安全无污染且容易控制，非常适合地面核电站利用。

宇宙环境资源

所谓宇宙环境资源指的是在宇宙中存在的，但是地球上是不存在的而且无法模仿出来的资源，宇宙中的微波、失重、辐射等可以产生一些地球上不能发生的现象，产生一些无法想象的物质。

宇宙中的辐射能

宇宙中存在很多的辐射能。其中，我们利用最多的辐射能当属太阳能。

移民月球

古往今来，人们总会将情感寄托于月亮，有关月亮的诗句数不胜数。望着月亮的圆缺变化，总给人们带来无限遐想，古代有嫦娥奔月的凄美神话故事，使人们也想上月亮上看看，探寻玉兔到底是不是真的存在。如今人类的科技实现了登月的梦想，人们终于见到了月球的真实面貌。神话终归是神话，月球上没有嫦娥更没有玉兔，但是人类却萌生了想居住在月球的想法，要将神话变为现实，但是月球真的适合人类居住吗？人类真的能够实现移民月球的梦想吗？

月球没有大气层

月球没有大气层的保护，太阳直射下来，人类需要穿着厚厚的航天服才能安然处之。

移民到其他星球可能长寿

人类移民到其他星球，还有更多的健康问题需要应对。其中一个比较令人吃惊的发现是，斯科特在国际太空站时，发现其细胞染色体的端粒变长了，比他在地球上的弟弟马克的端粒更长，但是斯科特回到地球上，其端粒就迅速恢复正常长度，与正常值一致。端粒的长短预示着寿命的长短，曾经认为太空环境会损害人的健康，但现在看来移民其他星球可能会让人更长寿。

月球种菜试验

科学家打算尝试在月球上种蔬菜和草本植物，以此来测试月球是否能够适合人类生存。植物生长所需成分与人类相似，科学家们研究植物暴露在月球的重力与辐射环境下的生长情形。月球种菜计划如果成功，距离人类在月球上生活的计划也许能够更近一步。

移民火星

地球作为茫茫宇宙空间里的渺小的一员，可想而知宇宙的空间有多浩大。由于地球人口不断增长，终有一天地球会不堪重负，或许合理利用宇宙空间会是一个不错的选择。如今人类已经加大了对外太空的探索，太空已经渐渐被人类了解，神秘的太空再也不是人类一无所知的领域，随着人类对火星的了解越来越多，不少科学家开始进行移民火星的科学探索，火星移民的计划也早已被提出。或许在不久的将来，人类移民外太空的梦想就会实现。

水

➡ 人类的生存离不开水，而火星上并没有适合饮用的水资源。火星上的水的咸度要比地球上的海洋还高。

温度

想要在火星上生存就必须具备与地球类似的温度。火星虽然名字给人一种火热的感觉，其实它是一颗冰冷的星球，只有赤道附近的温度可以达到 0℃以上，想要使火星的冰冻物质完全融化，就要让火星的外层大气达到 40℃左右。祖柏林提出了三个让火星变暖的方案，其中第三种方案就是制造温室气体，这一方案被众多科学家认同。他计划在火星上建几处化工厂，不停地制造四氟（fú）化碳，因为四氟化碳是最有效的温室气体。只需短短 30 年，火星的平均温度将会升高 27.8℃。

火星移民计划

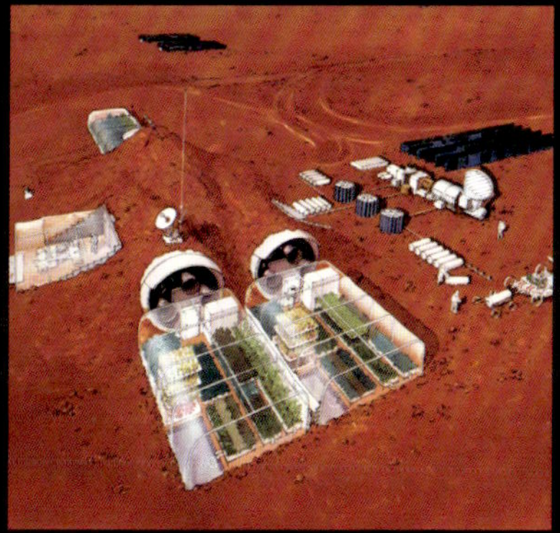

火星移民计划最初是由美国宇宙探索技术公司创始人埃隆·马斯克提出的。计划的目的是移民火星并在火星建社区。但是移民火星以及火星改造计划是否可行人们看法不一。

第五章　古人的宇宙观

“盖天说”是我国最古老的宇宙学说之一，它的出现可以追溯到商周时期，它主张“天圆如张盖，地方如棋局”的说法。到了汉代“盖天说”的理论较为成熟，西汉中期成书的《周髀算经》是“盖天说”的代表作。这就是中国早期的宇宙观，那么其他地区早期的宇宙观是什么样子的呢？你将在本章中找到答案。

中国古人的宇宙观

古有“伦天六家”之说，分别是盖天、浑天、宣夜、昕天、穹天、安天。总结起来就成了“盖天、宣夜、浑天”三家：“盖天说”认为“天圆如张盖，地方如棋局”也就是天圆地方说；“宣夜说”主张天体漂浮于气体中，这颇有现代天文学的韵味；“浑天说”认为全部恒星都布于一个“天球”之上，日月星辰都在一个“天球”上运行，这已经与现代天文学十分相近了。

“浑天说”

古代人们通过肉眼的观察再加上丰富的想象来构造天体。“浑天说”要比盖天说更加进步，它认为天是一整个圆球，大地被包裹在其中，就像鸡蛋跟蛋黄的构造。“浑天说”认为全部天体都在一个“天球”之上，并且不断运动着，它认为“天球”之外还有另外的世界。这一学说已经非常贴近现代天文学。

“宣夜说”

“宣夜说”也是古代的一种宇宙学说，它主张“日月众星，自然浮生于虚空之中，其行其止，皆须气焉”，也就是说天体都漂浮于一团气体之中。它并没有将天归结为固体的“天穹”，而是无边无形的气体，“宣夜说”阐述的是一种无限宇宙的观念。在后期的发展中认为天体自身、包括遥远的恒星和银河系都是由气体组成。

“盖天说”

“盖天说”是我国最古老的宇宙学说之一，它的出现可以追溯到商周时期，它主张“天圆如张盖，地方如棋局”。到了汉代盖天说的理论较为成熟，西汉中期成书的《周髀算经》是“盖天说”的代表作。它将天形容成一个穹顶形，地也是一个穹形，天地相聚八万里，天总在地之上，日月星辰围绕着不停旋转。

“盖天说”

古印度人的宇宙观

众所周知，古印度文明是人类文明的最主要发源地之一。在天文方面，那个时候古印度人就知道金、木、水、火、土五星，将五星与日月并称为七曜。把月亮所经过的星座划分为 28 宿，称之为“月宫”。但他们认为，太阳、月亮、星星都是围绕地球转的。他们把一年分为 12 个月，每月 30 天，一年定为 360 天，所余差额用每个隔五年加一闰月的方法来弥补。我们现在所能看到的简塔・曼塔天文台，便是在中世纪设计的，它展现古印度人当时对宇宙的认知以及探究天文学的能力，可以堪称为印度“最古老的计算机”。

战神之车

印度有一种飞船的雕塑，它的名称叫做“战神之车”。研究者们认为战神之车是一种多重结构的宇宙飞船，当时的飞船已装备了绝缘装置、电子装置、螺旋翼、抽气装置、避雷针，以及安装在飞船尾部的喷焰式发动机。战神之车的飞行速度如换算成现代计算单位是 5.7 万千米／时。这就是说，当人类发明了火车、飞机、飞船，并为自己的发明所折服，他们根本就没有想到，这些现代化的工具，在几千年前就可能已经存在了。

简塔・曼塔天文台

- 简塔・曼塔天文台建于萨瓦伊・杰伊・辛格二世统治时期，于 1738 年完成。简塔・曼塔天文台是印度最重要、最全面、保存也最完好的古天文台，是联合国教科文组织评定的世界遗产 。
- 简塔・曼塔天文台建筑为砖石结构，天文仪器以砖石和铜器制成。这些天文仪器使得人们可以利用肉眼观测星体位置，是托勒密式定位天文学的一个典型代表。

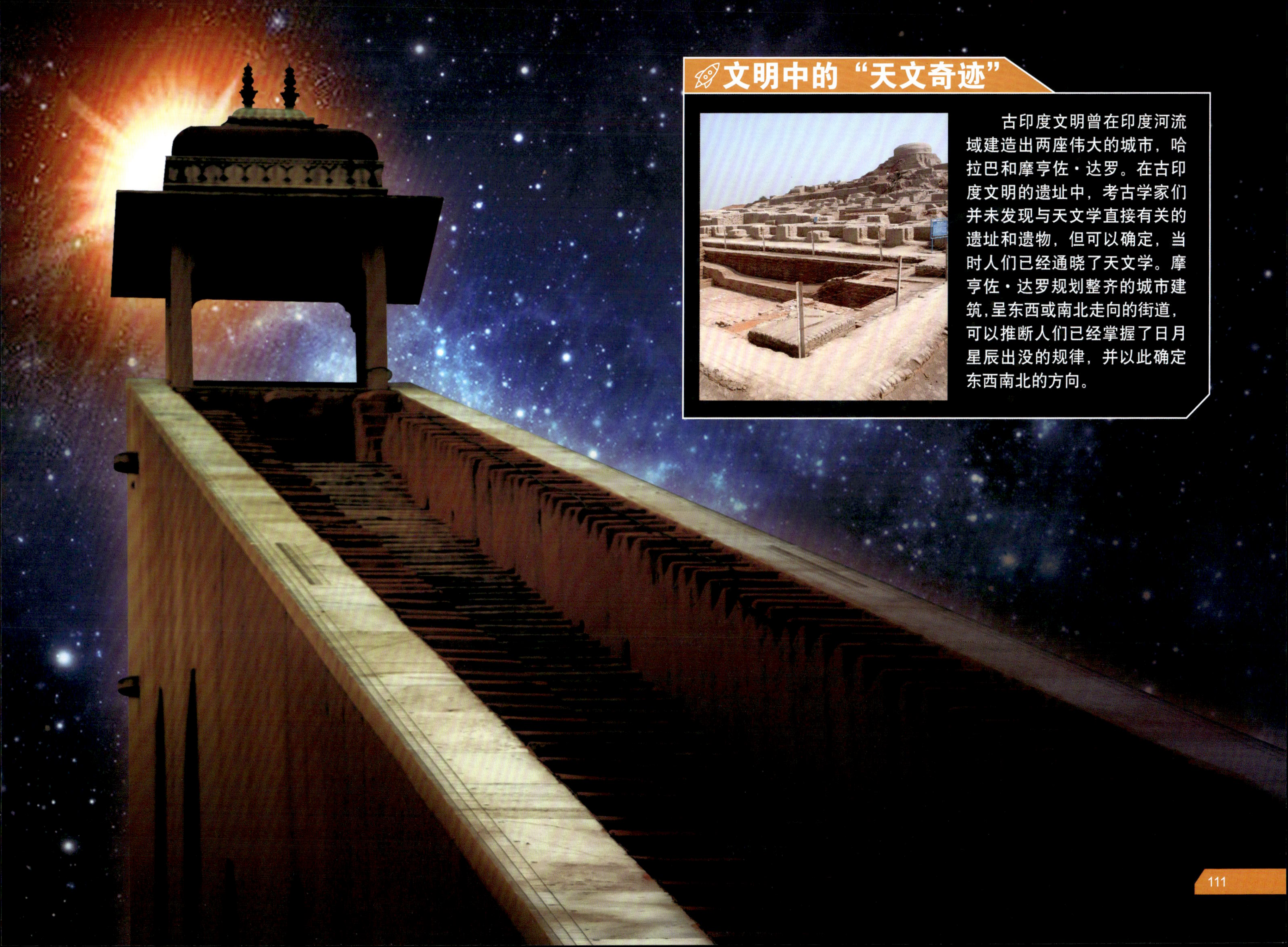

文明中的“天文奇迹”

古印度文明曾在印度河流域建造出两座伟大的城市，哈拉巴和摩亨佐·达罗。在古印度文明的遗址中，考古学家们并未发现与天文学直接有关的遗址和遗物，但可以确定，当时人们已经通晓了天文学。摩亨佐·达罗规划整齐的城市建筑，呈东西或南北走向的街道，可以推断人们已经掌握了日月星辰出没的规律，并以此确定东西南北的方向。

古希腊人的宇宙观

在古老的东方文明发展起来的同时，古希腊文明也向前迈着步伐。古希腊位于地中海东部，连接着欧洲、亚洲和非洲。古希腊的范围包括巴尔干半岛南端的希腊半岛，小亚细亚半岛西部，爱奥尼亚群岛，意大利南部和西西里岛的殖民地。这样得天独厚的地理条件使它成了知识汇合之地，充满智慧的古希腊人将知识结合发扬，使希腊文明成为当时世界文明发展的突出阶段。当然，对于宇宙的认识也不例外。同样，古希腊人也有着不同观点，其中一个说法认为这个世界上的所有物质都由火、气、水、地四种元素组成。日月星辰在像玻璃球一样的透明物质形成的天球上旋转。宇宙的中心地球则为天球，掌管宇宙的神都住在距离雅典 240 千米远的奥林匹斯山上。

希腊神话中的海

希腊神话将海描绘成两个朝代：旧朝代由提坦神俄刻阿诺斯和特提斯所创立，兴旺于克洛诺斯统治时期。繁衍了 3000 条河流和无数大洋神女。后来大地母亲的儿子海老人涅柔斯成为海洋中的长者，他具有预言的能力，并且热爱真理和正义。他的女儿和宙斯的哥哥新海神波塞冬结为夫妻，从而将海的两个新旧朝代联结。他们既能以海洋深处为宫殿，也可以把奥林匹斯山作为家。太阳、月亮及星辰都从大洋中由东而西升起和沉落，而后回到东方，周而复始。

古希腊

古希腊位于地中海，它的位置不仅仅限于我们所说的巴尔干半岛南端的希腊半岛，还包括小亚细亚半岛西部，爱奥尼亚群岛，意大利南部和西西里岛的殖民地。古希腊没有大河流域和广阔平原，但是它具有海洋优势和宜人的气候，海洋贸易的往来为古希腊社会创造了自由宽松的环境，这样的环境非常有利于知识的汇集与发展。

阿那克西曼德

曾有一个叫阿那克西曼德的人，观察天空发现天空总是绕着北极星旋转，因此得出结论认为天空可见的地方是球体的一半，地球位于中心位置，他认为大地是一个有限的扁平的圆筒，最初由水、空气和火包围着，浮游在天球之中，太阳和星星都是分裂出去的碎片，地球是宇宙的中心，天体围绕地球转动，到了晚上太阳就转到地下面去了。

亚里士多德是谁

亚里士多德是古希腊的伟大哲学家，堪称希腊哲学的集大成者。亚里士多德认为运行的天体是物质的实体，地球是宇宙的中心，月亮、太阳和其他行星、恒星都有各自的轨道，它们共同构成了一个以地球为中心的宇宙。由于他在当时的学术界具有较高威望，他的学说统治了天文学界较长时间。

玛雅人的宇宙观

在玛雅神话中，玛雅人认为这个世界是被水包围着的大圆盘，围着圆盘的水与天一体，四方有神用手臂支撑着。世界共有十三重天与九层地，天界住着象征着星星、夜、黑暗的龙。而地界则有九界，死者生前的行为将决定他们去哪一界，如果落入第九界将会化为乌有，祭祀或是战死则可以去天国一个无忧的富足之处。玛雅人没有现代人的科学技术，但是他们对天体的研究却让人叹为观止。时间是玛雅人宇宙观的一个重要的组成部分，他们的时间哲学非常引人注目，他们能够持续地观察、记录下天体的运动，并以此为基础制作出各种历法。

玛雅文明

玛雅文明诞生于公元前 10 世纪，当时还处于新石器时代，但是玛雅人却在天文学、数学、农业、艺术及文字等方面创造出了令人惊叹的成就。玛雅文明与印加帝国及阿兹特克帝国并列为美洲三大文明。令人不解的是，这个世界上唯一一个诞生于热带丛林的古代文明，竟然突然消失了。

玛雅历法

玛雅人曾使用过 24 种不同的历法。他们的历法各不相同，涉及许多天体的运行，而第一个历法则与人体周期有关，通过人体受孕周期来编制的历法，名叫卓尔金历。后来他们追随太阳的轨迹，观察出 365 天的周期规律，编制出哈伯历。他们又将不同的历法结合形成新的历法。其中长历是玛雅人编制的最长的历法之一，周期为 5129 年。

玛雅人有何神奇建筑

聪明的玛雅人不仅将知识融进历法之中，还通过建筑物表现出来，在库库尔坎金字塔就出现了神奇的蛇影现象。每年的春分和秋分这两天，阳光会照射在金字塔的西面，在金字塔的北面墙上会呈现一道波浪形的影子，当太阳倾斜，影子也会随着蠕动，就像一条巨蛇。或许他们是用这种特殊的方式来记录这个特别的日期。

古埃及人的宇宙观

古埃及人的宇宙观是怎样的？他们如何想象宇宙的模样，又是如何观测宇宙的呢？埃及第一个历法中最早记录的日期是公元前 4241 年。埃及的星图早在公元前 3500 年就出现了。最早埃及人的“创世神话”有很多种，他们都认为最初的世界是由混沌的水构成的。在埃及木乃伊的棺木上记录着他们对世界的看法。他们认为大地是身披植物的斜卧男神西布，天穹是曲身弓腰的女神吕蒂。最初他们静止在水中，然后大气之神出现，将女神撑起形成了天，女神的双手和双腿成了支撑天穹的柱子。男神的身体变成了大地被植物覆盖，不久动物和人类就出现了。水中莲花盛开，太阳神从中诞生，在天空普照大地。

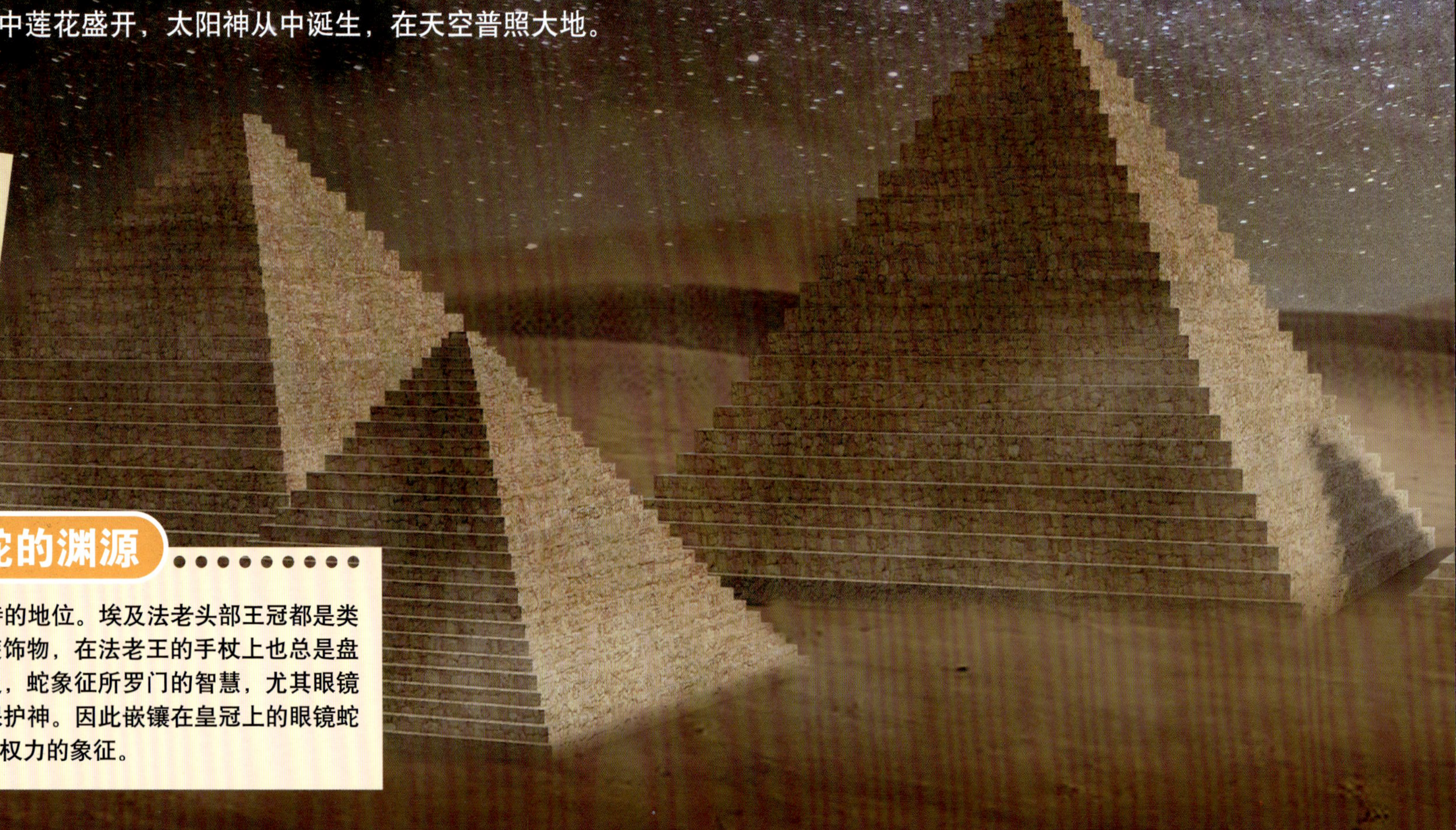

最早的历法

埃及第一个历法中最早记录的日期是公元前 4241 年。

埃及与蛇的渊源

蛇在古埃及具有独特的地位。埃及法老头部王冠都是类似于眼镜蛇脖颈的一种装饰物，在法老王的手杖上也总是盘踞着一条蛇。因为在埃及，蛇象征所罗门的智慧，尤其眼镜蛇神更是古埃及君主的保护神。因此嵌镶在皇冠上的眼镜蛇的头颈部标志，成了最高权力的象征。

惊人的数字

令人惊讶的是，胡夫金字塔的高乘以十亿等于地球到太阳的距离。子午线穿过胡夫金字塔，将地球上的陆地和海洋分成了相等的两部分，塔的周长正好是一年的天数，周长的 2 倍正好是赤道的时分度。因此建造金字塔就要对地球的结构以及宇宙有充分的了解，而在五六千年前的古埃及人真的具备这种能力吗？

埃及人的天圆地方说

埃及人还有第二种创世的说法，和我们的天圆地方说很像。他们认为天是一块平坦的或穹顶形的天花板，四方各有一根柱子支撑，而星星是用铁链悬挂在天上的灯。地是方形的盒子，底部呈凹形，埃及就是这个凹形的中心，地的边缘围绕着大河，尼罗河是大河的一条支流，太阳能够往复东方和西方都是乘坐了河上的大船，给大地带来了白昼和黑夜。

金字塔与宇宙的关系

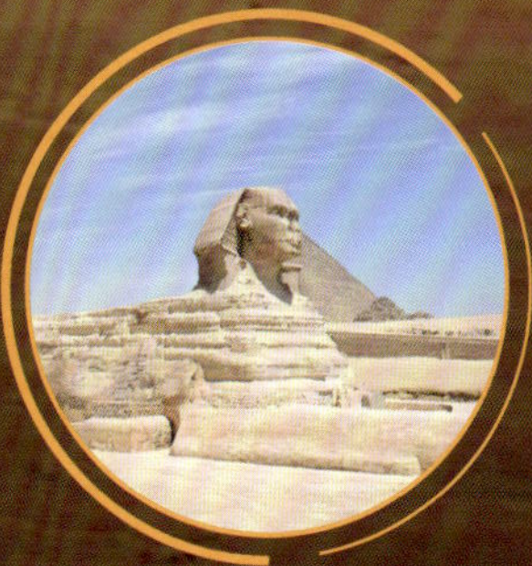

一个名叫罗伯特波法尔的比利时工程师在 1993 年发现天空和金字塔的秘密。他发现在吉萨能够观测到天空中猎户星座的三颗明星，如果我们从天空俯视，这三颗明星刚好与吉萨高地上的三座金字塔相对应。而且它们不仅仅位置吻合，还利用金字塔的大小展现了三颗星不同的光度。如果将天空范围扩大，人们惊奇地发现其他建筑也精确地对应上了，这些建筑展现的是一副星空图，由此可见，早在古埃及高度发达的文明就已经出现在尼罗河流域。

“地心说”与“日心说”

古代人们对宇宙的构造各有不同的看法。在人类有关宇宙的发展史上，其中有两大学说是描述宇宙结构和运动的，科学家为此争论了上百年，它们分别是“地心说”和“日心说”。“地心说”的起源很早，最初由米利都学派形成初步理念，然后由古希腊学者欧多克斯提出，又经过了亚里士多德的完善，最后又让托勒密进一步发展才成为“地心说”。到了16世纪“日心说”才出现，在这之前的1300年中，“地心说”始终占统治地位。“地心说”认为地球是宇宙的中心，所有的天体都围绕着地球运转，“日心说”则认为太阳是宇宙的中心，地球和其他天体是围绕太阳运转的。随着科技的发展，人类逐渐认清两大学说中的错误点，也更加了解宇宙。

“地心说”

“地心说”又叫“天动说”，起源于古希腊时代，它认为地球是宇宙的中心，是静止不动的，其他天体都围绕着地球运转。

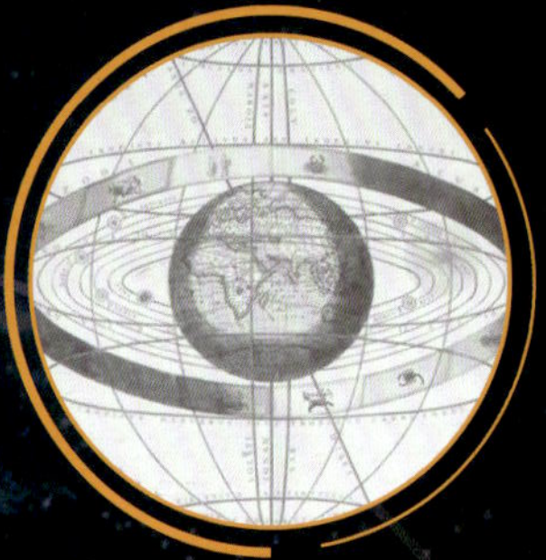

“日心说”

哥白尼是文艺复兴时期的一位天文学家，“日心说”就是他提出的，“日心说”也叫地动说。这个学说的观点是地球是球形的并且不断运转，太阳是不动的，而且太阳在宇宙的中心，地球与其他天体都围绕着太阳做圆周运转，只有月亮围绕地球转转。“日心说”有力地打破了“地心说”实现了天文学的根本变革。

两大学说有缺陷吗

随着时代的发展，天文观测的精度不断提高，人们渐渐发现“地心说”存在许多破绽，众多疑点等待着科学的解答，在这个背景下哥白尼的“日心说”成了新时代的产物。同样“日心说”也存在它的缺陷，它所说的宇宙局限于一个较小的范围，并且以太阳为中心，这也就是我们今天所说的太阳系。而现在我们知道宇宙不仅仅有太阳系，还有更广阔的空间。

从“地心说”到“日心说”

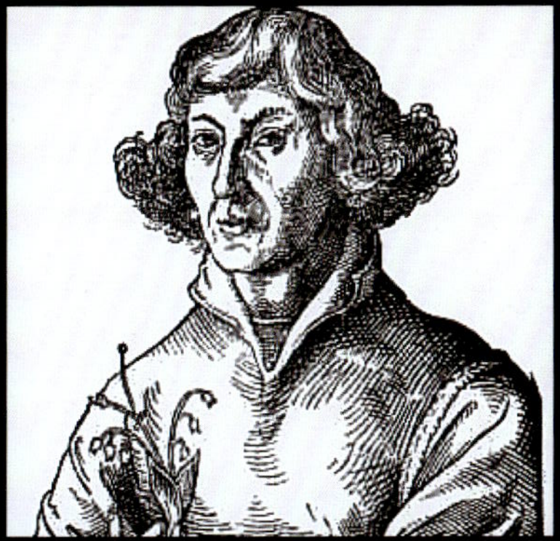

“地心说”一直延续到哥白尼时代，爱好天文的哥白尼在意大利留学期间，与他的天文学教授讨论“地心说”，得到了教授的启发，他发表了独特的见解，萌发了关于地球自转和地球围绕太阳公转的想法。回到波兰以后，哥白尼进行了长期的天文观测和研究，并不断计算着，终于突破重重难关，创立了以太阳为中心的“日心说”。

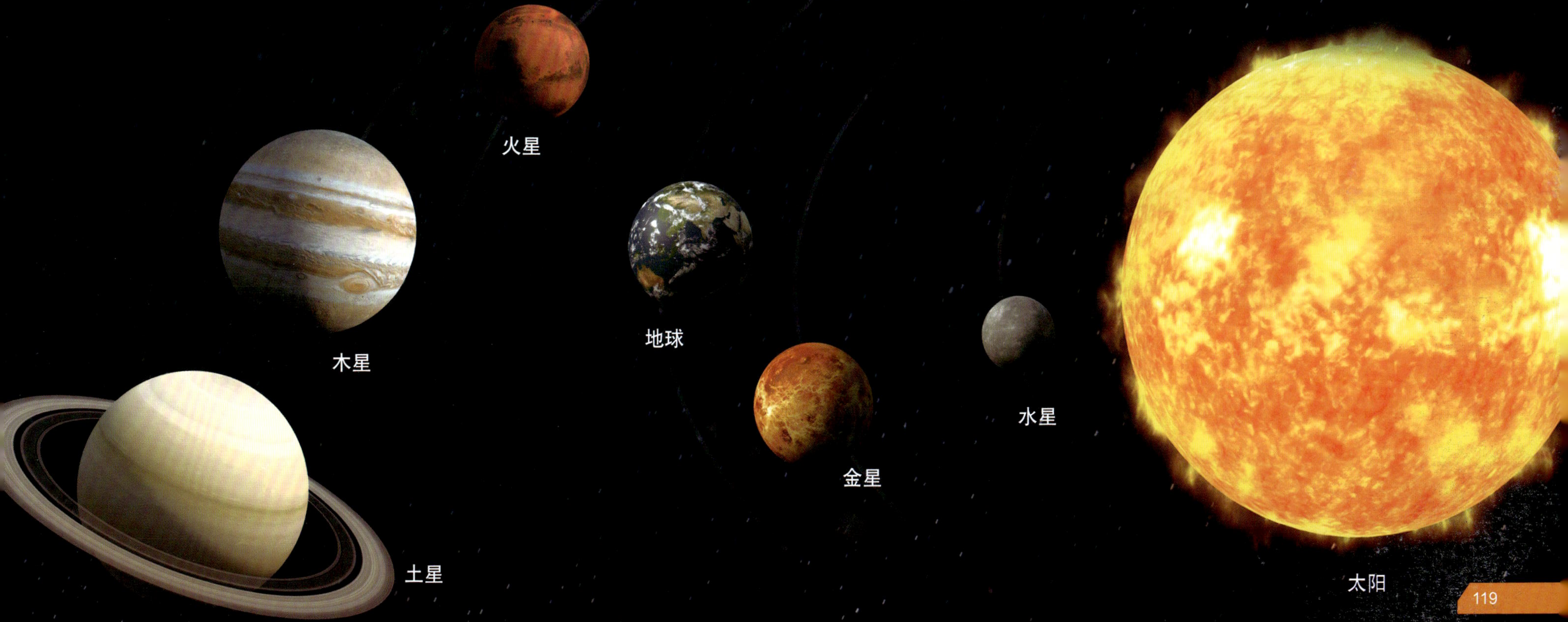

第六章　星座的传说

提到星座大家一定都不陌生，星座是天上的天体投影在天球上组合而形成的，为了方便观察人们将它划分成了不同的星座。在不同的历史时期，星座有着不同的划分方式。我们现在常用的星座是从古希腊传统星座演化而来的，国际天文学联合会把全天划分为 88 星座，这些星座符号都长什么样子呢？本章将重点介绍一些重要的星座，一起来看吧！

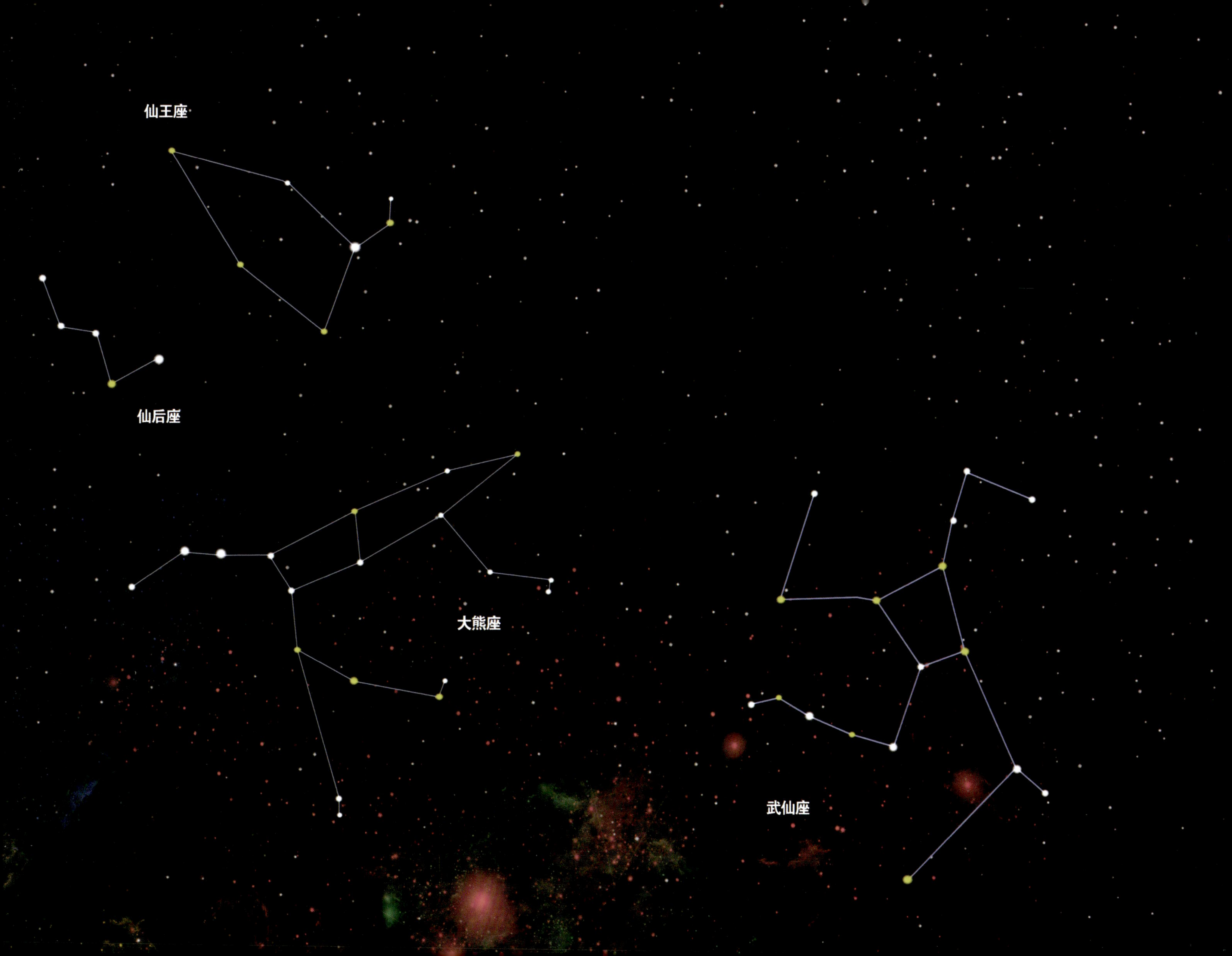
仙王座
仙后座
大熊座
武仙座

御夫座

御夫座的意思是驾车者，是来自北天的星座。它的位置临近我们熟悉的十二星座中的金牛座。它以银河星场为背景，其中最亮的星是五车二，五车二也是全天第 6 亮恒星，它的星等为 0.08 等，在冬季的星空里是非常明亮的。御夫座是一个“宝库”，这里有许多漂亮的疏散星团，其中包括 M36、M37、M38 以及一些零散的 NGC 和 IC 星团。御夫座 AE 星也是一颗独特的恒星，它被叫作燃烧的星球，整个区域看起来像布满了红色烟雾，但是那里并没有火，其实那里的烟雾成分都是气体氢与碳元素颗粒。

御夫座流星雨什么时候出现过

在 1911 年，御夫座流星雨的母彗星出现过，它的绕日公转周期在 2500 年左右，在它的轨道上分布了各种密集的物质团块，每当地球路过这些物质团块时，它们就会被人们当作流星雨观测到。虽然上一次御夫座流星雨出现已经过去了 100 年的时间，但是在轨道上残留的物质团块仍然可以形成大规模的流星雨。

星座神话

有关御夫座的神话有很多，在传说中御夫是埃里克托尼奥斯，它是雅典之皇，也是火神赫菲斯托斯的孩子，他的养母是女神雅典娜，雅典娜悉心照顾着埃里克托尼奥斯，并且教他各种技能，想让他成一个有用之才。其中驯马的技术也是雅典娜教给他的，让他成了一个能用四马御车的人。宙斯为了纪念他将他放置在天空的众星之中。

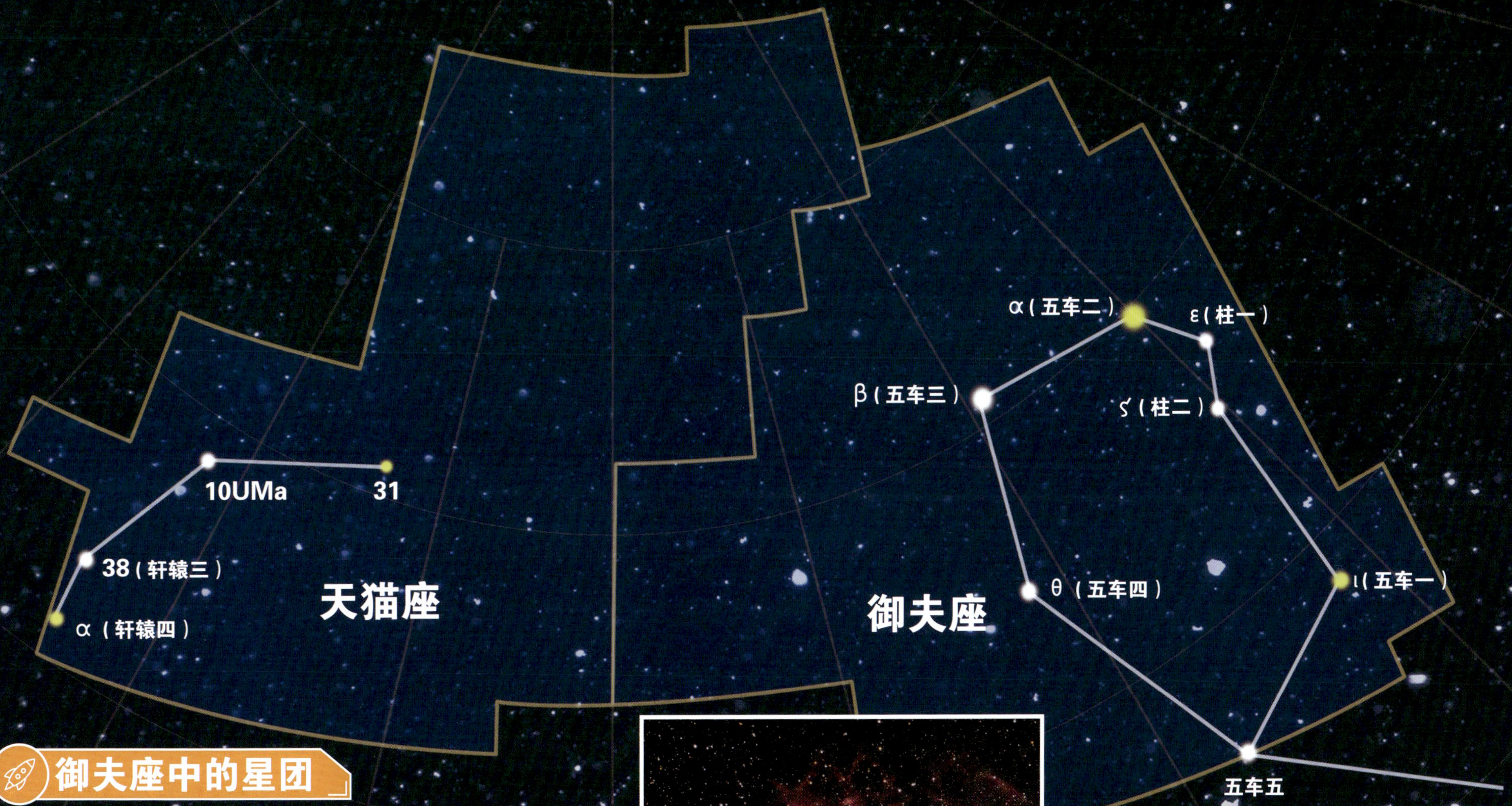

御夫座中的星团

M36、M37、M38 都是御夫座中的星团，它们看上去都非常圆，呈星云状，用双筒望远镜就可以观测到它们。M37 是它们之中最大的一个，在最中心存在一颗红色的明亮的恒星。其中 M38 是最特别的，从地球看去它的恒星排列成十字形。

牧夫座

牧夫座位于北天之上，是全天 88 星座之一，正好位于北天室女座的东北方，宽度约 30°，高度约 50°，它并不是引人注目的星座，但是它包含一颗全夜空中的第四亮星，那就是大角星。大角星是一颗橙色巨星，人们称它是“众星之中最美丽的星”。牧夫座和武仙座之间夹着一个北冕座，它是一个小而黯淡的星座，是由七颗星组成的半环形。

星座神话

自古以来流传着许多有关牧夫座的神话。相传牧夫是酒神狄俄倪索斯之徒伊卡里奥斯神。一次伊卡里奥斯调出了新酒，让牧羊人尝试，牧羊人喝醉了以为是伊卡里奥斯在酒里下了毒，在他迷糊之中将伊卡里奥斯杀死了。于是宙斯将伊卡里奥斯变成了天上的牧夫座。

奇特的外形

牧夫座的其中六颗星构成了一个六边形，形状很像个大风筝，最明亮的大角星位于风筝的下端，就像是风筝下的一盏明灯。在古希腊人们把牧夫座看成是一个凶猛的猎人，他的左手高高举起，右手拿着长矛，仿佛要一把抓住面前的大熊。

我们如何观测呢

在春末夏初的季节是观测的最好时间，首先我们可以找到北斗七星，然后延长北斗的三星，我们就可以找到牧夫座 α 星，那是牧夫座的主星，是春季夜空中“春季大三角”最亮的顶点。

超级空洞

牧夫座空洞是已知最大的空洞之一，1981年被发现，距离地球大约7亿光年，有时它被称为超级空洞。

牧夫座空洞为何神秘

空洞是宇宙中存在的一种非常巨大且几乎没有任何星系存在的区域。牧夫座空洞是已知的最大的空洞之一，因此它也被称为超级空洞。它于1981年被人类观测到，它在离地球非常遥远的地方，距离可达7亿光年，牧夫座空洞的直径可达2.5亿光年。在地球上看它的位置在牧夫座方向，因此被称为牧夫座空洞。

天鹰座

天鹰座就像是一只夜空中的雄鹰，它拥有一颗全天第十二亮星叫作牛郎星，牛郎星就是雄鹰的心。牛郎星位于 17 光年以外，是一颗离我们比较近的恒星。在天鹰座中还存在许多有趣天体，例如造父变星天鹰 η、疏散星团 NGC 6709，还有小且暗淡的行星状星云 NGC 6751。在天鹰座周围还环绕着许多小型星座，有疏散星团 M11 的盾牌座、海豚座、小马座、天箭座和狐狸座等。其中狐狸座是全天中最漂亮的行星状星云之一，而小马座是全天中第二小的星座。

中国神话

织女星位于银河东岸，与它遥遥相望的地方，有一颗比它稍暗淡的星，它就是天鹰座 α 星，也就是牛郎星，牛郎星和天鹰座 β、γ 星的连线正指向织女星，我国古代把 β、γ 星看作是牛郎用扁担挑着的两个孩子追赶织女。可惜狠心的王母娘娘用一条天河将他们永远分开了。

希腊神话

宙斯下凡寻找一位神宴侍者，于是他化作一只大鹰飞到了人间，他在人间遇到了一个活泼的小男孩，名叫甘尼美提斯，他是这个国家的小王子，宙斯飞到他的面前，其他的小孩都被吓跑了，只有甘尼美提斯没有动，还大胆地向大鹰走去，他很喜欢大鹰并且骑到了他的背上，于是宙斯就将甘尼美提斯带走了。后来宙斯为了嘉奖他将其化为了宝瓶座，为了纪念雄鹰，将它化为了天鹰座。

天鹰断裂是什么

天鹰断裂是银河系中银道平面上一个黑暗区域的一部分，它像一道黑色闪电横贯于北半球的夏夜星空，位于牛郎星和夏季大三角附近。以银河系天然的星图为背景，呈现出了一幅波澜壮阔的断裂图。

猎户座

猎户座可谓是夜空中最著名的星座之一了，无论在南半球还是在北半球人们都可以观测到它。它的外形就像是一个手拿弓箭的猎人，参宿四和参宿五是猎人的肩部，参宿六和参宿七代表猎人的双足。参宿四是一颗非常亮的红超巨星，它是全天第十二亮的恒星。参宿七是一颗冰冷的蓝色恒星，很多时候比参宿四还要亮。

如何观测猎户座

猎户座是非常著名的星座，那我们要如何观测它呢？在每年的 12 月上旬至 4 月上旬是猎户座的最佳观测时间。它会从东南方天空升起，再从西南方落下。猎户座 α 和猎户座 β 是很亮的，在无云的夜空中非常显眼。如果在冬夜，要辨认出猎户座还要借助其他星的方位，通常利用排成一直线的腰带三星辅助辨别。α 及 β 两星位于腰带中垂线北南两端，找到后再找出 γ 及 κ 两星，它们位于 α 的西方体及 β 的东方，然后整个猎户轮廓就呈现出来了。

猎户座大星云

猎户座大星云是全天最著名的星云，它是位于猎户座的反射星云，也是弥漫星云。猎户座大星云是一个非常明亮的模糊斑块，就算是存在光污染的情况，在地球的南北半球也都能轻松地用肉眼观察到它。由于它离地球很近，因此是人类研究的最多的天体之一。

猎户座的发展历史如何

在很久很久以前人们就发现了猎户座，它在不同的古代文明中具有不同的意义。在中国古代，猎户座是廿八宿之一，也就是“参宿”。“参”是从“叁”演变而来，也就是指腰带三星。古代苏美尔人把这些星视为一只绵羊，把参宿四看作“绵羊的腋窝”。

猎户腰带是什么

在猎户座之中存在一个群星，由参宿一、参宿二和参宿三三颗亮星组成，它被称为猎户座腰带，是猎户座最重要的标志。整个区域都在星云物质中发着红光。

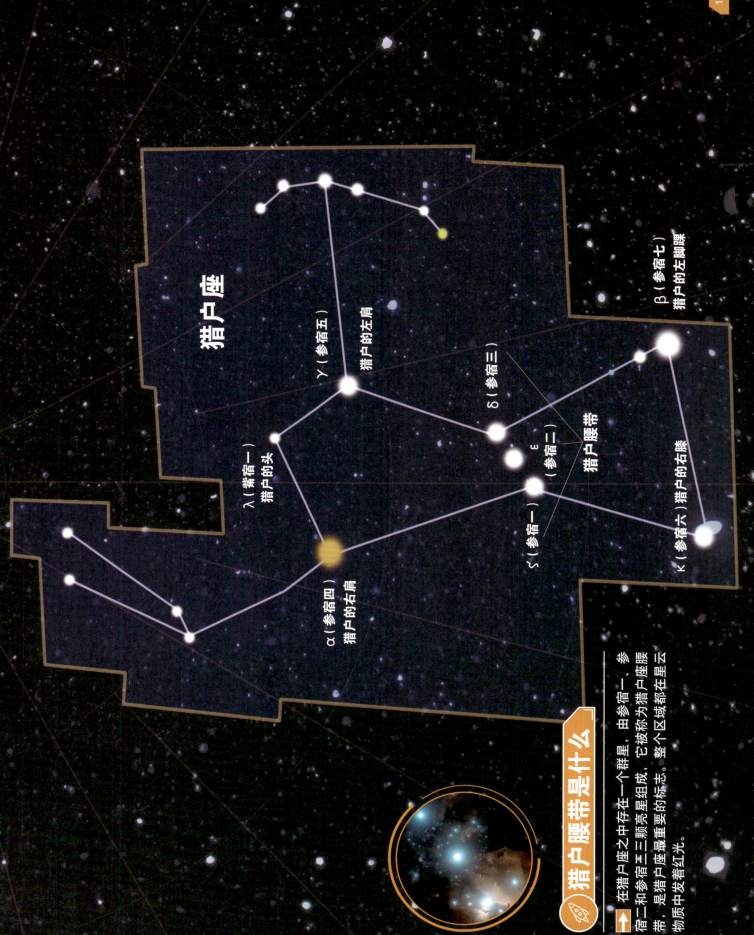

仙王座与仙后座

仙王座与仙后座相邻意为国王与王后，是较有特色的北天星座。在银河的背景下，仙后座最明亮的五颗星形成了一个明显的字母“W”。我们用双筒望远镜观测仙后座，就可以看到众多星云以及一些疏散星团，其中包括 NGC 663、M52 和 M103。还有一些星云的名字很特别，例如小精灵星云（NGC 281）和气泡星云（NGC 7635）。仙后座“W”的开口处正对着仙王座，仙王座的形状像是一顶尖尖的帽子，帽子尖部向北方延伸。仙王座是拱极星座之一，其中 α 星就是天钩五，是仙王座中最亮的星。

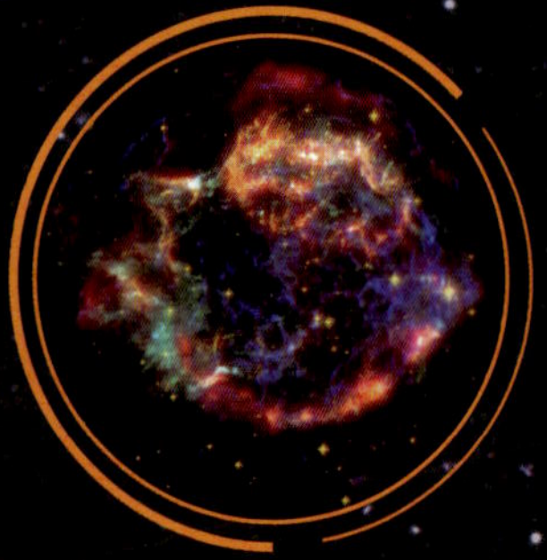

仙后座 A 超新星爆炸

➡ 在 325 年前宇宙中发生了一次超新星爆炸，这一爆炸激发了科学家的浓厚兴趣。美国国家航空航天局通过多种空间望远镜对这次爆炸残骸进行了拍摄，并且得到了全彩图像，让科学家能更进一步研究超新星爆炸过程。

仙后座的神话传说

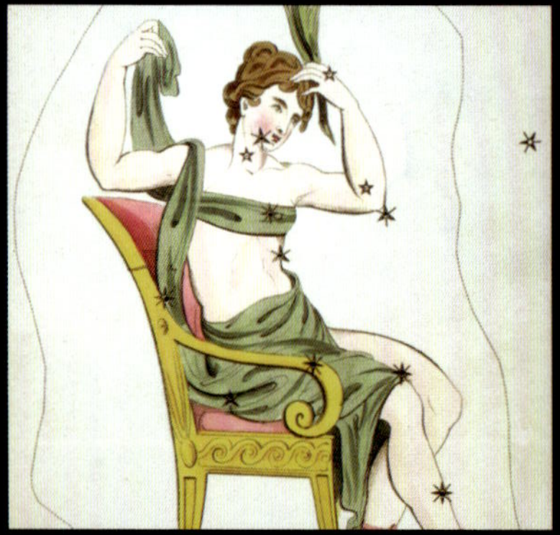

在古希腊神话中，仙后座是非洲埃塞俄比亚国王克甫斯的王后卡西奥帕亚的化身，王后时常夸耀女儿安德洛墨达比海王的女儿还要美，触怒了海神波塞东，海神便派出海怪霍乱人间。国王无奈只好将公主献给海怪，幸好得到英雄珀耳修斯所救。

第谷新星是什么

第谷是一位杰出的观测者，他用自己制作的天文仪器，进行了多年的观测，积累了大量天体方位的资料。在 1572 年 11 月 11 日，第谷在仙后座发现了一颗新星，命名为第谷新星。第谷新星最亮的时候，甚至可以在白天观测到。

最美的鸢尾花星云

在仙王座中最美的天体莫过于鸢尾花星云了，它又叫作“彩虹星云”、“蓝蝴蝶花星云”。它是位于仙王座中的一个明亮的反射星云，它的亮度约为 7 等，它的直径大约 6 光年，距离地球大约 1300 光年。

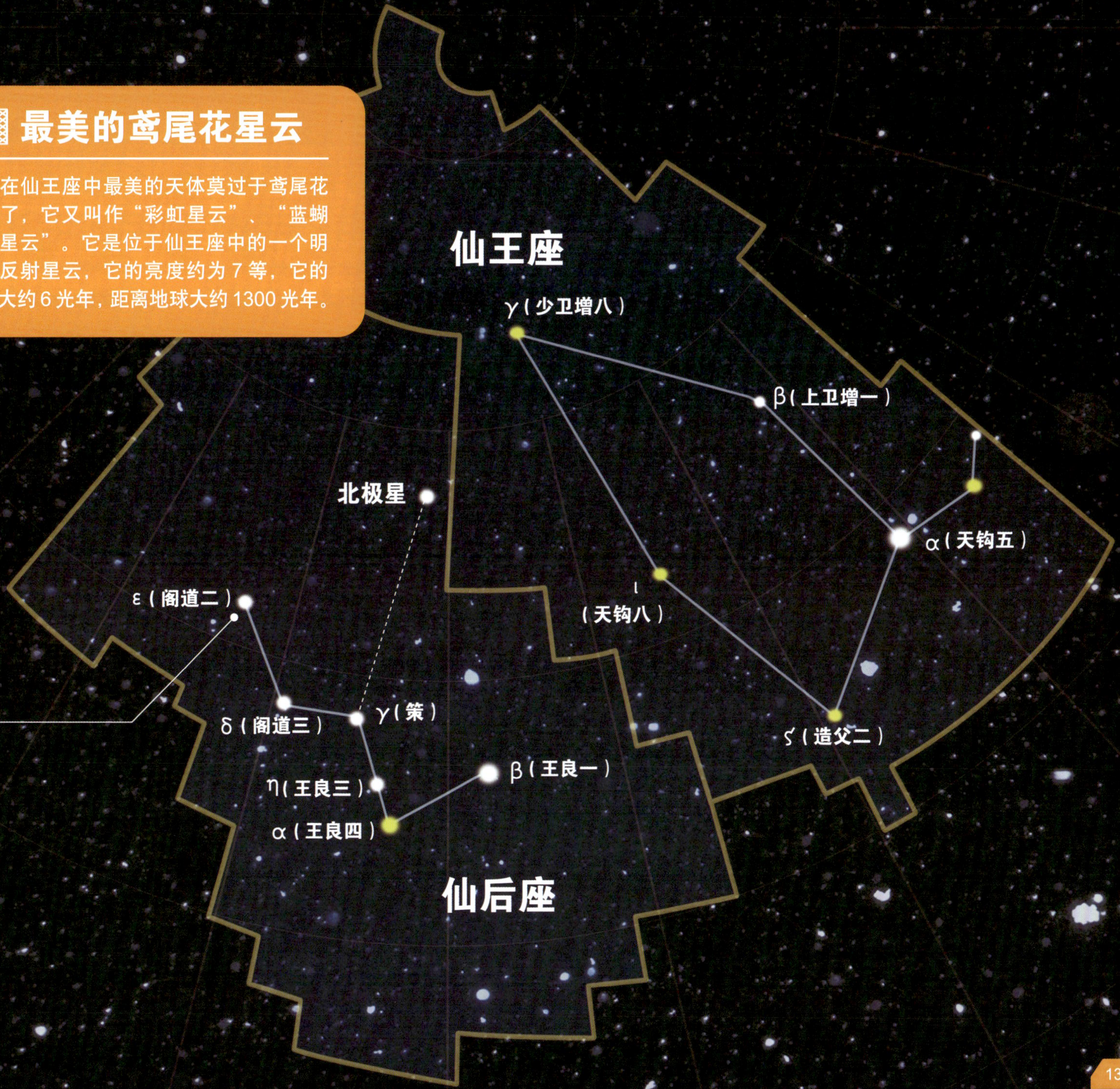

大熊座与小熊座

大熊座位于北半球，是北天星空中最明亮、最重要的星座之一。最著名的北斗七星就在大熊座中。英国人称北斗七星为犁，而美国人叫它大勺子。我们一年四季都能见到大熊座，但是在春季的黄昏之后是观测它的最好时机。而小熊座就位于大熊座附近，与大熊座一样，小熊座的尾巴可以视为勺子的手柄，因此有“小北斗”之称。在公元前 200 年的时候，天文学家托勒密把小熊座列入了他的 48 个星座，并沿用至今成为 88 个现代星座之一。古往今来小熊座都是一个重要的导航星座，在航海上应用广泛。

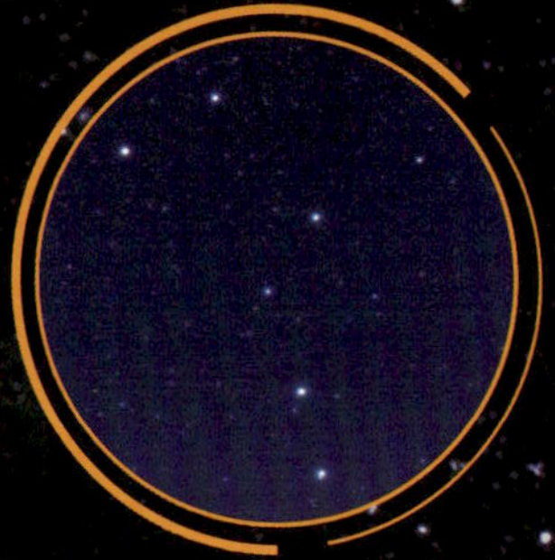

北斗七星

在大熊座中的七颗亮星组成了一个勺子的形状，这就是我们最熟悉的北斗七星。勺把儿是由 η、ζ、ε 三颗星组成，α、β、γ、δ 四颗星构成了勺体。其实在仰望星空的时候，北斗七星比大熊的形象更容易辨认。勺子的形状一年四季都在天空中，只有勺把会根据不同的季节有所变化，古语云：“斗柄东指，天下皆春；斗柄南指，天下皆夏；斗柄西指，天下皆秋；斗柄北指，天下皆冬。”这也是古代辨别四季的方法之一。

大熊座和小熊座的神话传说

其实小熊座是宙斯的儿子阿卡，宙斯爱上了一个名叫卡里斯托的苎（zhù）芙（仙女），没过多久就生下了儿子阿卡。天后赫拉知道这件事以后非常生气地把卡里斯托化为一只大熊，并且只能在森林中生活。多年以后他们的儿子长大了，成为一名出色的猎手，来到森林中打猎，他遇到了自己的母亲大熊，但是阿卡并不知道那是自己的母亲，正要射击，就在此刻，宙斯将阿卡也变成了一只熊，变成熊的阿卡认出了自己的母亲。后来宙斯将它们带到天上，这便是大熊座与小熊座。

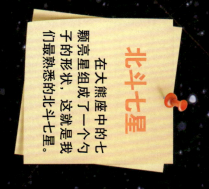

北斗七星

在大熊座中的七颗亮星组成了一个勺子的形状，这就是我们最熟悉的北斗七星。

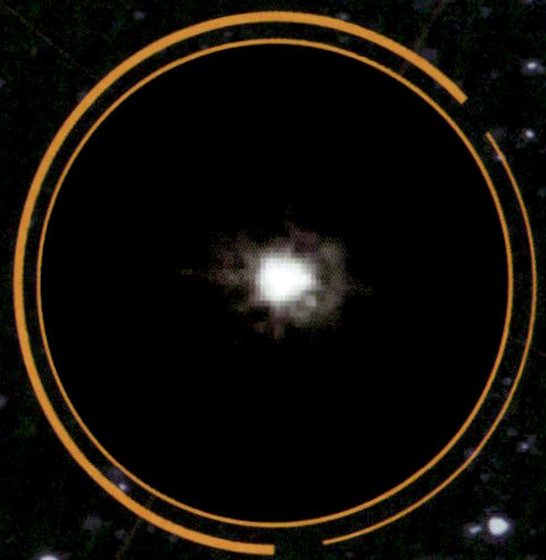

小熊座中哪颗星最亮

在小熊座中有一颗最闪亮的星，叫作勾陈一，它就是有名的北极星。它是一颗黄白色的超巨星，同时也是夜空中最亮的造父变星，它的星等在 1.97 ~ 2.00 之间变化。在小熊座中的北极二只比勾陈一稍暗一点，它已经进入生命的最后期限，它已经膨胀过并冷却成为一颗橙巨星。北极二曾与北极一并称为“北极的守护星”。

在天空闪烁的大熊座

在地球上的不同地方我们所观测到的星座是不一样的。在我国北京，一年四季都可以看到大熊座。在春季，大熊座在北天的高空中闪烁，是观测的最好时节。大熊座的面积在全天星座中排列第三，仅次于长蛇座和室女座。

大犬座与小犬座

大犬座是全天 88 星座之一，位于南天。大犬座是星空中的明珠，因为它拥有全夜空中最亮的一颗星——天狼星，天狼星也是冬季大三角的一个定点。在大犬座北端是麒麟座。在更加往北的方向上我们可以找到另一颗亮星，那就是小犬座的南河三。南河三与猎户座的东北角上的参宿四和大犬座的天狼星共同组成一个等边三角形，这个三角形被称为“冬季大三角形”，在冬季的夜空中十分明亮。

谁是夜空中最亮的星

大犬座拥有一颗夜空中最亮的星，那就是天狼星。天狼星的视星等为 -1.46，是全天第二亮星老人星亮度的两倍，任何一颗恒星在天狼星的面前都会显得黯淡无光。天狼星距离我们只有大约 8.6 光年，它是距离太阳系第五近的恒星系统，这也是它在夜空中看起来最亮的原因之一。

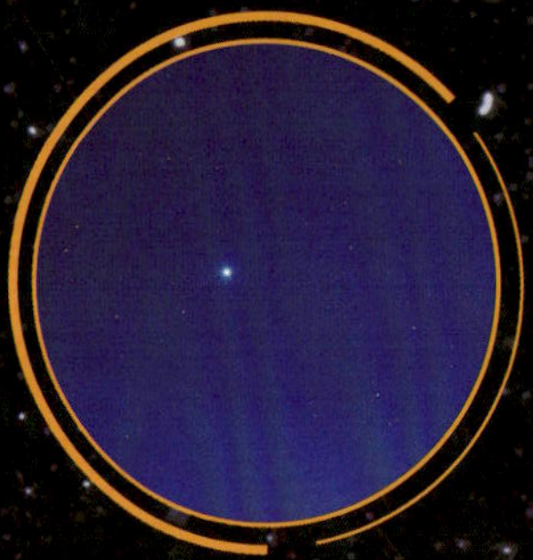

美丽的大犬座

大犬座不仅拥有全夜空最亮的恒星，而且它的亮星阵容也非常强大。它拥有 1 颗 1 等星和 4 颗 2 等星，而射手座和飞马座加起来只有 3 颗 2 等星。大犬座还有出众的疏散星团 M41，它看起来十分美丽。

大犬座的神话故事

古希腊神话中有一种传说，西里斯是猎人奥里翁的一只心爱的猎犬，终日伴随在猎人的左右。后来，奥里翁被误杀而死，他的爱犬也十分悲伤，终日不肯进食，只是悲哀地吠叫，最后饿死在主人的房子里。天神宙斯为嘉奖它的忠义，就把它升到天上化为大犬座。

小犬座的神话故事

古希腊神话中还有一种传说，卡德摩斯国王的儿子阿克特翁是个有名的猎手，他有许多猎犬，其中最凶猛的叫墨兰普斯。有一天，阿克特翁迷路误闯山谷，引起众女仙的惊恐。月亮女神撩起池水向这位不速之客身上泼去，顿时，阿克特翁的头上就长出一对鹿角，双手变成蹄子，双臂变成长腿，全身长出一层有花斑的毛皮。他带的猎犬墨兰普斯扑到他的背上将他撕咬至死。此时，月亮女神消去了怒气，并把这头误伤主人的猎犬升上天化为小犬座。

小犬座是赤道带星座，星座中有一颗黄色亮星为南河三。

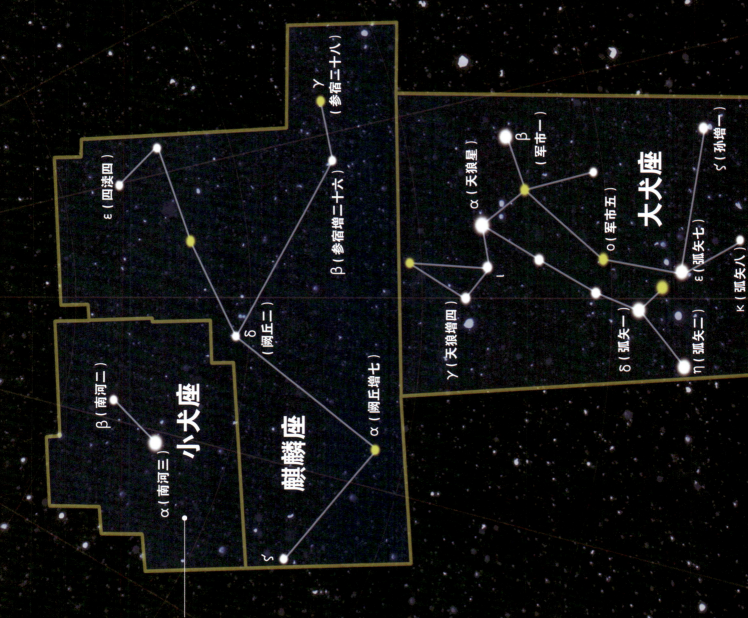

武仙座

武仙座在天琴座和北冕座之间，天龙座以南，是北天星座之一。武仙座指的是希腊神话中最著名的英雄赫拉克勒斯，这是一个比较大的星座，面积约 1225 平方度。其中有四颗恒星表示赫拉克勒斯的躯干，四肢由四个顶点延伸开来。该星座中最引人注目的天体是 M13 球状星团。它是由 30 多万颗恒星组成，它的直径大约为 35 光年。最佳观测时间是 7 月份，如果天空足够黑暗，那么用裸眼看 M13 球状星团的形态就像是一团模糊的斑块。

M13 球状星团

在武仙座中最有名的就是 M13 球状星团，距离地球 23,500 光年，是北天最亮的球状星团。它位于拱顶石的边上，从武仙座 h 星往 z 星移动三分之一的位置。用裸眼看去是很朦胧的，用双筒镜看去是宽度有满月的一半。

武仙座的神话故事

赫拉克勒斯半神半人，是宙斯孙女的私生子，他从小就可以徒手杀死两条蟒蛇，十八岁时便无所不能，是希腊最勇敢、最英俊、最有智慧的英雄。但是天后赫拉却不能容忍丈夫的情妇生下的孩子，想要置他于死地，最终没能如愿。赫拉克勒一生建立了诸多卓越功绩，尤其是杀死尼密阿巨狮、消灭九个头的大毒蛇许德拉等，最终却败给了自己的爱人，死后化为了天上的武仙座。

武仙座在天上是什么姿态

武仙座指的就是希腊神话中最著名的英雄赫拉克勒斯，他在天上右手高举木棒，左手紧紧握着九头蛇，很是威风。最有意思的是赫拉克勒斯的形象在北半球看上去是倒立着的，只有在南半球的时候看见他才是正立的模样。

武仙座有哪些特征

武仙座属于夜空中的大星座，虽然范围较大，但是星座中的星都不是很亮，几乎由 3 等星、4 等星组成。在 1934 年发生了一次新星爆发，亮度达到 1 等，但现在已经变暗。

天琴座

天琴座属于北天星座，是银河中最灿烂的星座之一，它的形象就像是古希腊的里拉琴，因此被称为天琴座。天琴座的面积很小，主要由七颗星星组成，其中最引人注目的那颗星为织女星，它是 0 等星的定义星，它在距我们 25 光年之外闪耀着冰冷的蓝光，亮度大约是太阳的 50 倍。环状星云也是天琴座中的一个著名天体，它是由一颗年老恒星抛出的大气组成的，像是一个圆圆的烟雾圈，非常漂亮。天琴座也是天文学家托勒密列出的 48 个星座之一，还是国际天文学联合会所定的 88 个现代星座之一。

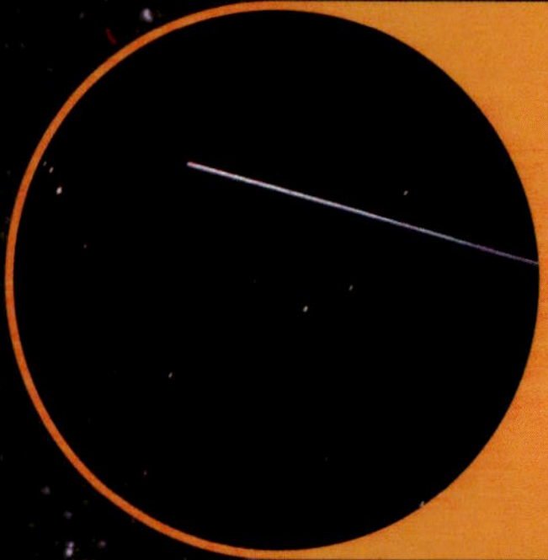

流星雨

天琴座流星雨就像狮子座流星雨一样著名，在每年的 4 月 19 日到 23 日之中出现，在 22 日的最为壮观。早在我国典籍《春秋》中就记载了天琴座流星雨的爆发：“夜中，星陨如雨。”那次流星雨发生在公元前 687 年。

如何找到天琴座

天琴座的面积不大，但是并不难辨认。天琴座的主星是织女星，织女星是“夏季大三角”其中的一个顶点。天琴座被天龙座、武仙座、狐狸座及天鹅座所包围。中心位置在赤经 18 时 50 分，赤纬 36 度。

天琴座的神话故事

俄耳甫斯拥有极高的音乐天赋，在英雄的队伍里建立了卓越的功绩。在一次归途中，他们经过海妖西壬（rén）的领地。海妖西壬是三位人头鸟身的女妖。它们长年在小岛上利用“迷人”的歌声引诱过往行人，路人甘心抛妻别子，上岛欢歌，最终被女妖杀死。它们只露出了少女的面庞，清歌婉转，英雄们都被迷惑住了，但是俄耳甫斯的琴声响起，一曲英雄的赞歌划破长空，拯救了大家。最终这把琴就化成了天琴座。

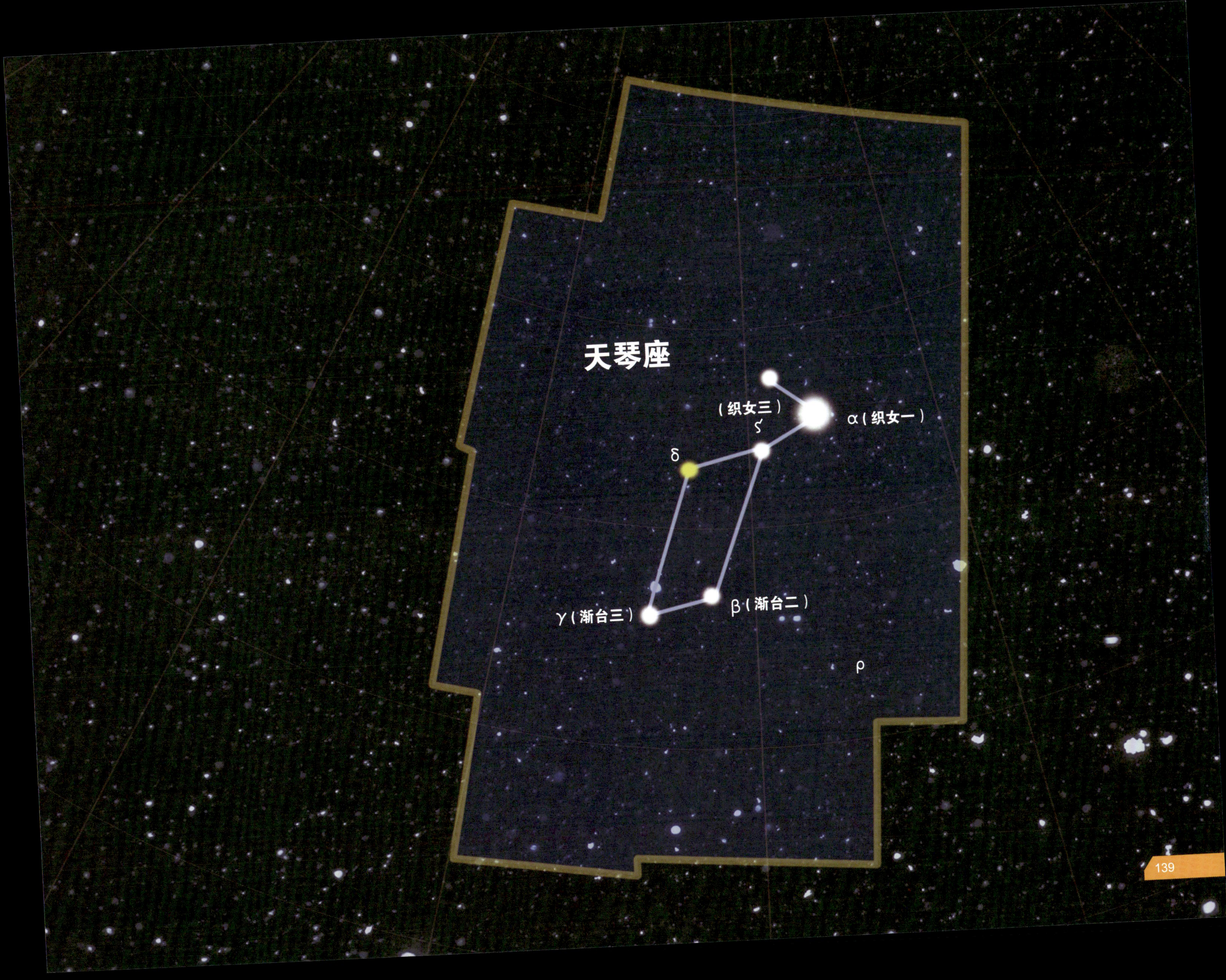
天琴座
（织女三）
ζ
α（织女一）
δ
γ（渐台三）
β（渐台二）
ρ

英仙座

英仙座在北天星空中闪耀着，是北半球秋季可见的星座，位于金牛座和仙后座之间。每年 11 月 7 日子夜英仙座的中心会经过上中天。在地球南纬 31 度以北居住的人能够观察到完整的英仙座。英仙座的最佳观测时间在每年的 12 月份。在英仙座中有两对著名的天体：一对是名为大陵五的食双星，这两颗星每 2.87 日会彼此绕转一周；另一对引人注目的天体是双星团 NGC 869 和 NGC 884，这是一对疏散星团，点缀在夜空之上。

英仙流星雨

英仙座流星雨最早出现在公元 36 年的中国史籍中，其中记录了 100 多颗流星雨，在公元 8 世纪到 11 世纪的日本和韩国也有关于英仙座流星雨的详细记载，但 12 世纪到 19 世纪却只有少量记录。英仙座流星雨在 8 月 10 日会大量出现，有“圣劳伦兹之泪”之称。

英仙座的神话故事

相传英雄柏修斯是天神宙斯之子。继父波吕得克忒斯要他取下魔女美杜莎的头，美杜莎的头上长满毒蛇，看她一眼，就会变成石头。珀尔修斯在神的帮助下，避开了她的目光，用宝刀砍下了美杜莎的头，并将她的头献给了智慧女神。女神将柏修斯升到了空中，成为了英仙座。

如何确定英仙座的位置

我们可以在每年秋天的夜晚，在北天找到比较显而易见的仙后座，或者找到位于飞马星座方形背部的仙女座，然后沿着银河望去，就能够很容易地找到由几颗 2 ～ 3 等的星排列成一个“人”字形的英仙座。

魔星

古希腊人把大陵五看作是珀耳修斯手里提着的，被人看一眼就会使人变成石头的美杜莎魔眼，所以西方人又称它是“魔星”。

每年八月是英仙座流星雨最多的时节。

英仙座是北半球秋季可见的星座，位于金牛座和仙后座之间。

长蛇座

长蛇座就像一条长长的巨蟒游荡在星空之中，它横跨于银河之中，是全天 88 星座中最长、面积最大的星座。它的面积有 1303 平方度，包含了我国古代众多星座，例如：柳宿、外厨、星宿、张宿、平、翼宿、青邱和阵车，但是其中除了一颗红色的长蛇 α 星是二等星以外，其他星都是比较黯淡的星，因此长蛇座比较难以辨认。在巨蟹座以南有五颗星组成了一个小圆圈，那就是长蛇座的头部，那颗最亮的长蛇 α 星位于星座西侧。长蛇座非常适合用双筒望远镜来观测，在长蛇座的北部边缘部分，由东向西可以找到 3 个比较小的星座，分别是乌鸦座、巨爵座和六分仪座，其中乌鸦座拥有著名的触须星系。

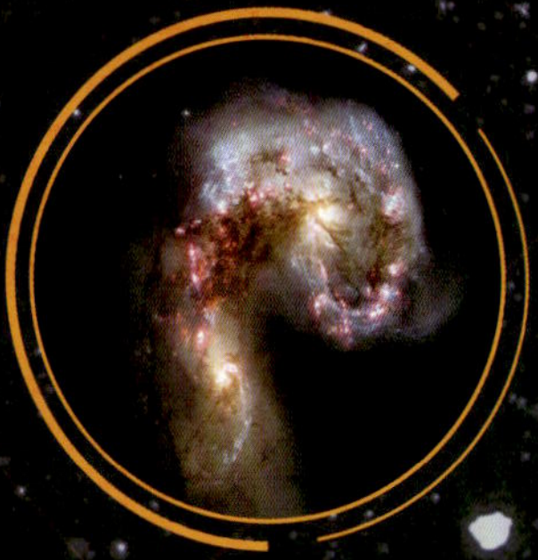

木魂星云

NGC 3242 是长蛇座中的一个行星状星云，由于它的形态与木星相似，于是被称为木魂星云。它其实是一颗抛掉了外部壳层的恒星残骸，我们的太阳系也终究会面临同样的命运。

为什么星宿一是孤独的

星宿一位于轩辕十四西南面，是一颗很亮的星，视星等 1.98。在星宿一的四周没有其他亮星，因此阿拉伯人称它为“孤独者”。

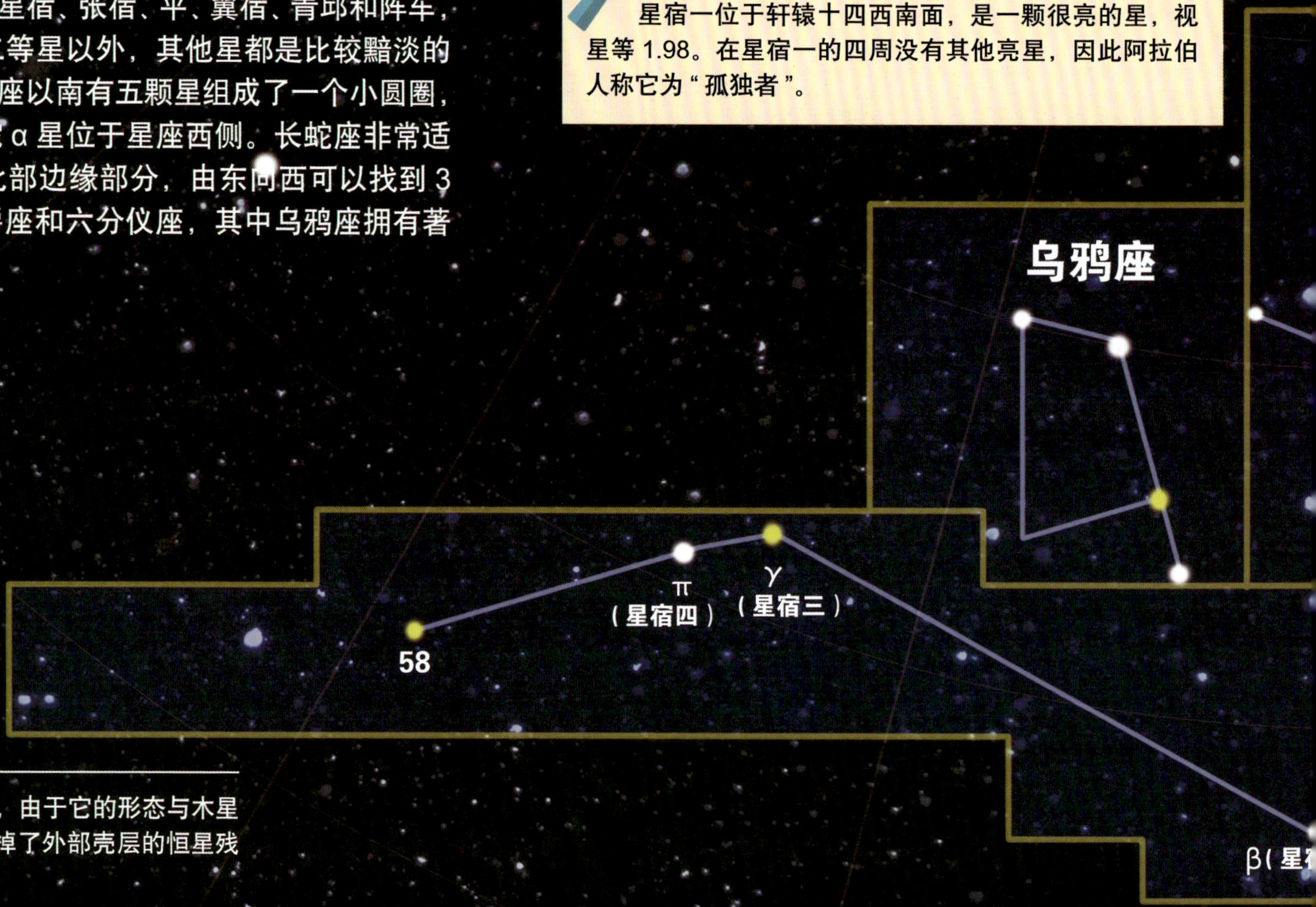

星宿一位于轩辕十四西南面，是一颗很亮的星，视星等 1.98，它就相当于长蛇座的心脏。

长蛇座的星座神话

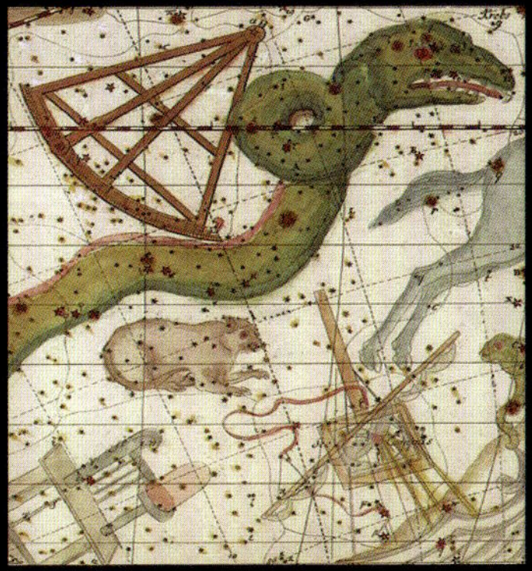

传说长蛇座是水蛇精的化身。它有九个头，气焰嚣张，危害百姓，如果砍下一个头就会长出两个头，变得更加威猛，所以人们都没法制伏它。后来盖世英雄海格立斯和他的侄子伊俄拉俄斯想出来一个办法消灭了水蛇精，那就是砍下水蛇精的头之后用火烧焦它颈部的伤口，使蛇头长不出来。后来宙斯为了纪念他们的功绩，就将水蛇精升上天空，每当人们看到长蛇座时，就会怀念这两位英雄。

鲸鱼座

鲸鱼座是赤道带星座之一，位于白羊座和双鱼座以南，波江座与宝瓶座的中间，是一个面积仅次于长蛇座、室女座和大熊座的全天第 4 的大星座。然而这个大星座只有 3 颗亮于 3 等的恒星。鲸鱼座中有一颗非常著名的变星，那就是鲸鱼座 o 星，它是一颗红巨星，从地球望去，在 330 天的周期中它的视星等会从 2.0 等变化到 10.1 等，并且在一年中的很长一段时间我们都无法用裸眼看到它。鲸鱼座中最明亮的星是鲸鱼座 β 星，是一颗闪闪发光的二等星。

鲸鱼座 UV 星

在鲸鱼座中有一颗恒星是距离太阳最近的恒星之一，那就是鲸鱼座 UV 星。它是鲸鱼座中的一颗耀星，有时鲸鱼座 UV 星的亮度会发生极端的改变。在 1952 年的时候鲸鱼座 UV 星发生了一次巨变，它的亮度仅在 20 秒之内就增加了 75 倍。鲸鱼座 UV 星也是一颗红矮星。

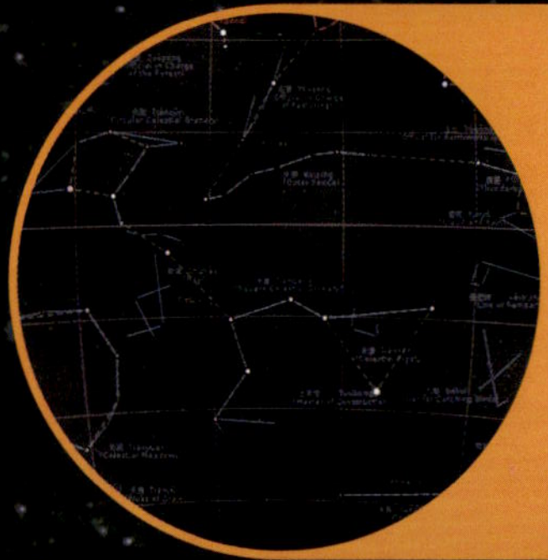

人们最早发现的变星

鲸鱼座 o 星，在我国古代被叫作“刍藁（chú gǎo）增二”，是在 1596 年 8 月发现的变星。初次发现之后，它就逐渐变暗，两个月后消失不见，直到 1619 年 2 月才又再次出现。后来科学家发现了它的规律，原来它是颗周期为 330 天的变星。它最亮的时候能达到 2 等，而它最暗的时候可以降到 10 等，因此西方人称它是“奇异之星”。

如何寻找鲸鱼座

在茫茫星空中我们如何找到鲸鱼座呢？在秋末冬初的夜晚是观测鲸鱼座的最好时间。首先我们要找到飞马座的大四边形，然后从大四边形东面的一边往南延长，就可以观察到一颗亮度为 2 等的星——“土司空”，那是鲸鱼的尾巴，顺着尾巴向东，可以找到一颗 3 等星，那是鲸鱼的鼻子，它附近的星构成一个五边形，那就是鲸鱼的头了。

鲸鱼座的神话故事

相传鲸鱼座的前身是一头海底的鲸鱼怪，它从海底上来兴风作浪，见到岸边有人，就一口把人吞下。珀耳修斯为了挽救无辜的生命，将鲸鱼怪变成了海边的巨石，拯救了百姓。后来那头鲸鱼怪被宙斯放到了天上，就变成了鲸鱼座。

天鹅座

天鹅座是一个非常容易辨认的北天星座，它就像一只展翅翱翔在银河中的白天鹅，从邻近的蝎虎座飞来，在银河的映衬下显得非常美丽。每年 9 月 25 日 20 时，天鹅座升上中天，最有趣的是，天鹅座由升起到落下就真的像是在展翅飞翔一般。它侧身飞向东北的天空，然后又调头飞向西北，最后落入地平线。

天鹅座的希腊神话

在希腊神话中，宙斯被公主勒达的美貌所吸引。一天勒达在小岛上玩，于是宙斯化身为一只天鹅飞到了勒达身边。它羽毛洁白、身体柔软，任凭勒达抚摸和拥抱，勒达心中陶醉不知不觉睡着了。勒达醒来后，天鹅恋恋不舍地离开了她。后来勒达怀孕了，生下一对孪生子，那就是后来的双子座。宙斯回到天庭后，为纪念这次罗曼史，就把他化身的天鹅留在天上成为天鹅座。

天鹅座到底是什么样子

天鹅座的主干呈十字架的形状，所以它曾经也被叫作“北十字”。十字架上那笔直的一竖就是天鹅长长的脖子，那一横为天鹅展开的双翅。亮星天津四是天鹅的尾巴，天鹅 β 星代表天鹅的头部，双翼尖部分别为天鹅 κ 星和天鹅 μ 星。天鹅座是一个以银河为背景的星座。

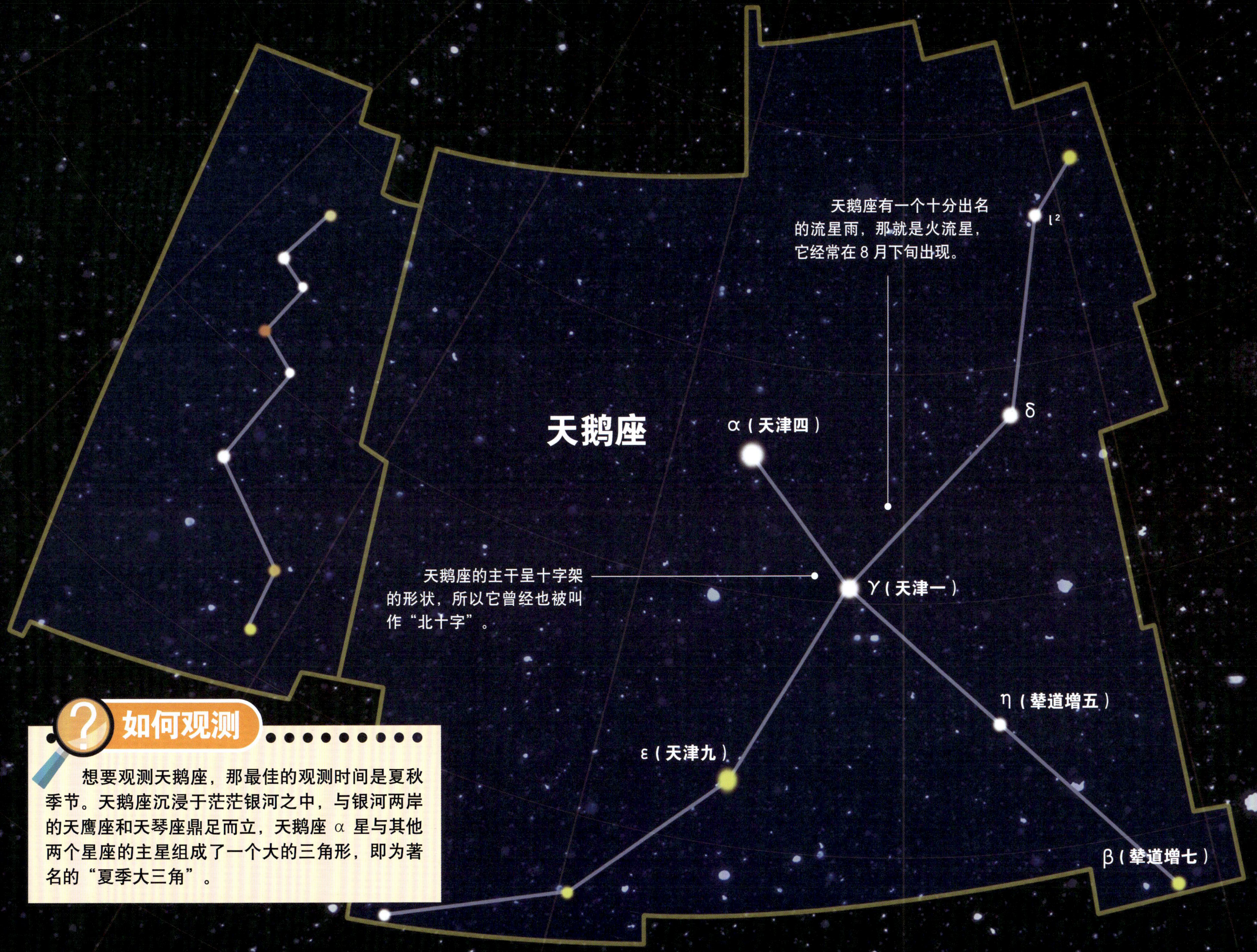

如何观测

想要观测天鹅座，那最佳的观测时间是夏秋季节。天鹅座沉浸于茫茫银河之中，与银河两岸的天鹰座和天琴座鼎足而立，天鹅座 α 星与其他两个星座的主星组成了一个大的三角形，即为著名的“夏季大三角”。

飞马座

飞马座是一个比较大型的北天星座，它是六个“王族星座”之一，位于宝瓶座以北，双鱼座和仙女座都是它的邻居。虽然飞马座的恒星都低于2.4等，但是从星图上看，它最显著的特点就是它的α、β、γ三颗星和仙女座的α星构成了一个四边形的图案，那就是著名的“飞马大四边形”，它整整跨越了15°天区。这四颗星除了γ星在3等以外，其余都很闪亮，所以这个四边形在天空中非常醒目。

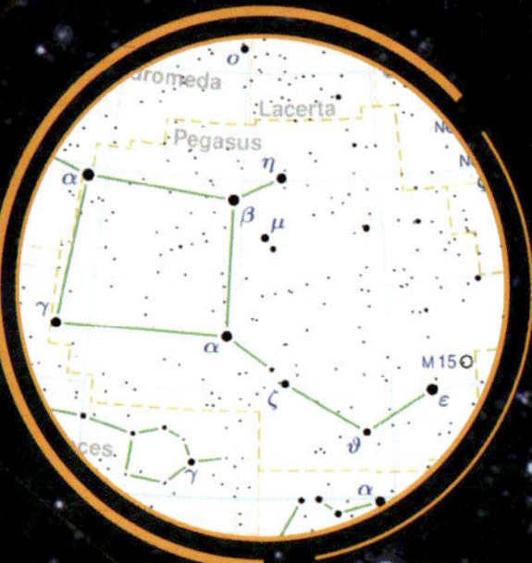

飞马座51在哪里

飞马座51距离太阳系约47.9光年，它是一颗与太阳非常相似的恒星。1995年天文学家发现有行星围绕该恒星公转，飞马座51是继太阳系以外，第一个被证实有行星存在的恒星。它的视星等为5.49，属于一颗黄矮星，它的年纪可能有75亿年，比太阳还老，重量也比太阳重，它的金属含量较多。

飞马座的希腊神话

在希腊神话中飞马座象征着一匹在天空中奔腾的天马。珀尔修斯为了拯救苍生割下了美杜莎的头，在美杜莎的身子里突然跳出一匹矫健而带有双翼的飞马——珀伽索斯。于是珀尔修斯就带着美杜莎的头骑着飞马离开了险境。后来这匹飞马就被升到了天空成为飞马座。

不寻常的M15

飞马座中的M15是一个不寻常的球状星团。在1764年9月7日，被法国天文学家让·多米尼克·马拉耳第发现。M15是一个漂亮且明亮的球状星团，带有一个突出的明亮核心，外围恒星清晰可辨。在天气晴朗时，可用裸眼观测。

如何观测飞马座

飞马座中的“飞马大四边形”就是它天然的定位仪，每当秋季飞马座会升到天顶，这个大四边形的四条边恰好各代表了一个方向，找到这个四边形就可以确定东西南北四个方位，还可以确定其他星座的位置。四方形的东面一条边向南延长相同长度，就能找到春分点，向北延长约 4 倍，就是北极星。

第七章　我们并不孤单

地质学家曾提出“地球殊异假说”，这一假说的核心是告诉人们地球的特殊性，它在变成宜居星球的过程中必定经历了一系列概率极低的巧合和机遇，才能孕育生命。虽然发现外星人的概率极小，但是我们仍然相信在浩瀚的宇宙中会有其他生命的存在，我们其实并不孤单。

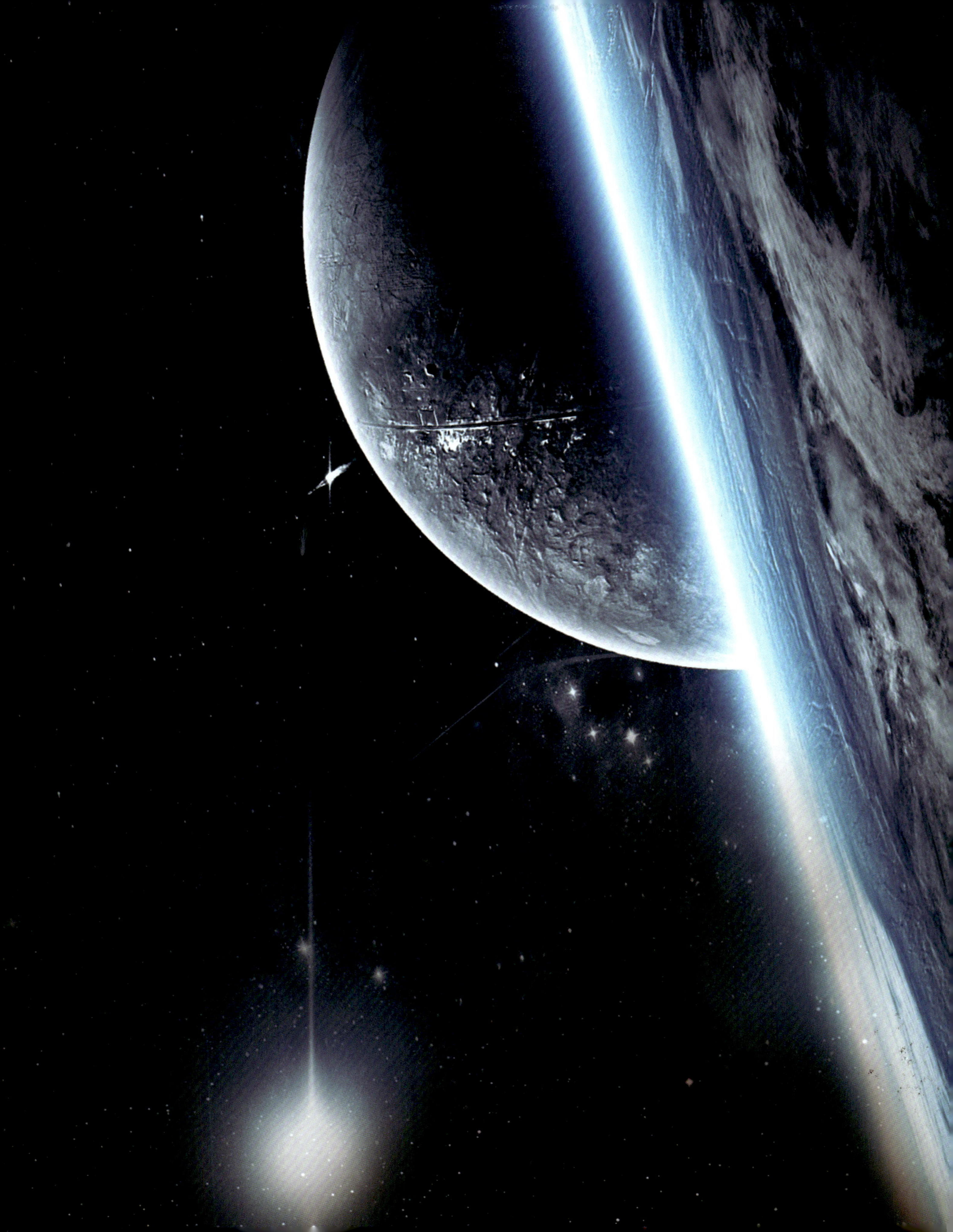

外星生命

外星生命指的是存在于地球以外的生命体，这个概念涵盖的范围非常广，它包括小到看不见的细菌和具有高度智慧的外星人。人们对于外星生命的存在充满了好奇，从20世纪中期以来，人们一直不断探测地球之外的电波、微波、红外线等，希望探寻到外星生命存在的迹象。但是，迄今为止我们还没有发现外星生命的存在，也许是我们寻找的时间不够长，或者是地点不对，这也不排除另一种可能——外星生命并不存在。地质学家曾提出“地球殊异假说”，这一假说的核心是告诉人们地球的特殊性，它在变成宜居星球的过程中必定经历了一系列概率极低的巧合和机遇，才能孕育生命。虽然发现外星人的概率极小，但是我们仍然满怀期待地探索着。

UFO

20世纪40年代初，一个不明来历的“圆盘飞行器”出现在美国的天空中，当时被称为“椭圆形的发光体”。UFO一词便源于美国，它是指不明来历、不明空间、不明性质，但又飞行在空中的太空物体。UFO后来便成为科幻电影中外星人乘坐的载体，人类现在也不确定到底有没有外星人的存在。

探索发现

宇宙如此浩大，而生命的最初形式可能只是微生物的大小，能够发现的概率实在是十分渺茫。我们始终无法发现外星生命的原因，除了宇宙之大还可能因为我们寻找的生命形态太过局限，生命的形态是多样的，它也许是非物质形态，而是电磁波、信息、等离子的形式，或许外星生命远比我们想象的要高级。抑或是我们生存在三维空间中，无法发现比我们更高维度或者更低维度的生命，这些都是人类所未知的信息。

虚构的外星生命

我们并不知道外星生命的相貌，通常我们想象出来的外星人相貌都非常古怪，它们可能长着大大的脑袋、大大的眼睛和长长的手臂。在科幻作品中，通常讲述地球惨遭外星生物入侵，或者人类与外星人和平相处。如果真的存在外星人，或许他们的结构与我们相差很大，以至于我们根本无法交流。

起源

恩里科·费米在洛斯阿拉莫斯国家实验室工作。1950 年的一天他去吃午饭，途中和同事埃米尔·康佩斯基、爱德华·泰勒、赫伯特·约克发生了一段普通的交谈。他们谈论的是当时最流行的 UFO 报道和阿兰·邓的漫画，漫画把市内垃圾箱的失踪归咎于外星人的掠夺。直到午餐时费米突然问道“Where are they？（它们在哪里？）”就是这简单的疑问，费米悖论就诞生了。

实践是检验真理的唯一标准

解决费米悖论最直接有效的方式就是找到地外文明存在的证据。人类为此进行了各种尝试，仍有许多项目正在进行中。因为人类没有星际旅行的能力，这种探索终会受到影响，智慧外星生物可能会以一个全新的方式出现。

什么是德雷克公式

与费米悖论相关的理论中，关系最密切的要数德雷克公式了。它是由法兰克·德雷克于 1960 年提出的，这个公式是用一种系统的方式来估算外星生物存在的概率。而这公式中还存在完全未知的参数：发展出生命的行星数，发展出智慧生命的行星数，智慧生命能进行通信的行星数，文明的预期寿命。我们所知道的存在生命的行星只有地球，而地球受到人择原理的影响不能进行有效的估计。

人择原理

人择原理是一种认为物质宇宙必须与观测它的智慧生命相匹配的理论。

地球殊异假说

地球是一颗神奇的星球。在行星科学和天体生物学中普遍认为我们所生存的地球是宇宙中独一无二的，是生命让它与众不同。地球是唯一存在复杂生命形式的星球。我们对于地球的环境非常熟悉，却不知道创造它的基本力是什么。地球殊异假说认为地球上多细胞生物的形成，需要不同寻常的天体物理、地质事件和环境的结合。这一假说是由瓦尔德和布朗尼提出，他们认为地球在变成宜居星球的过程中，需要有一系列令人难以置信以及几乎不可能的机遇与巧合的发生。

平庸原理

平庸原理是由卡尔·萨根及法兰克·德雷克提出的。平庸原理认为地球是普通的，它只是位于普通的棒旋星系非异常区域内的一个普通的行星系统中的一颗普通的岩石行星，因此整个宇宙中充斥着复杂的生命。平庸原理与地球殊异假说的观点正好相反。

地球殊异公式

瓦尔德和布朗尼由德雷克公式发展出地球殊异公式。通过这一公式，我们可以得到在银河系中拥有复杂生命的类地行星的数量。地球殊异公式和德雷克公式的不同之处在于，地球殊异公式没有将复杂生物进化为拥有技术的智能生物的因素考虑在其中。

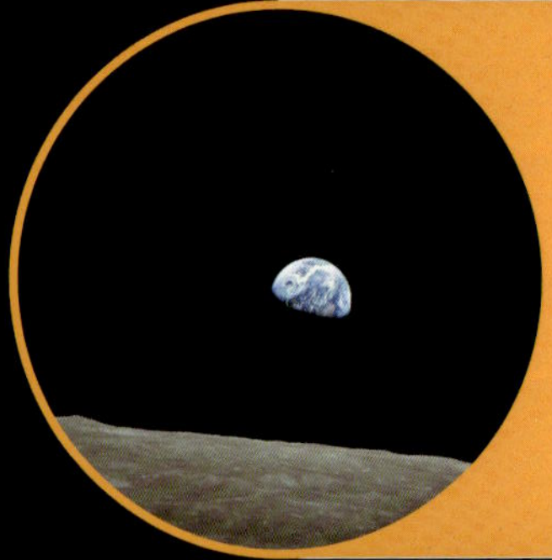

独特的地球

想要创造出一个像地球一样的星球并不是一件容易的事，需要经历一系列复杂和低概率事件，它必须有合适的尺寸，与太阳之间的距离也要恰到好处，而且还要经过合适的碰撞，形成来自其他行星稳定的保护，还需要合适大气和海洋生命生长发展的化学物质。总之，创造一颗适合生命生存的家园是一件不朽功绩。

适居带

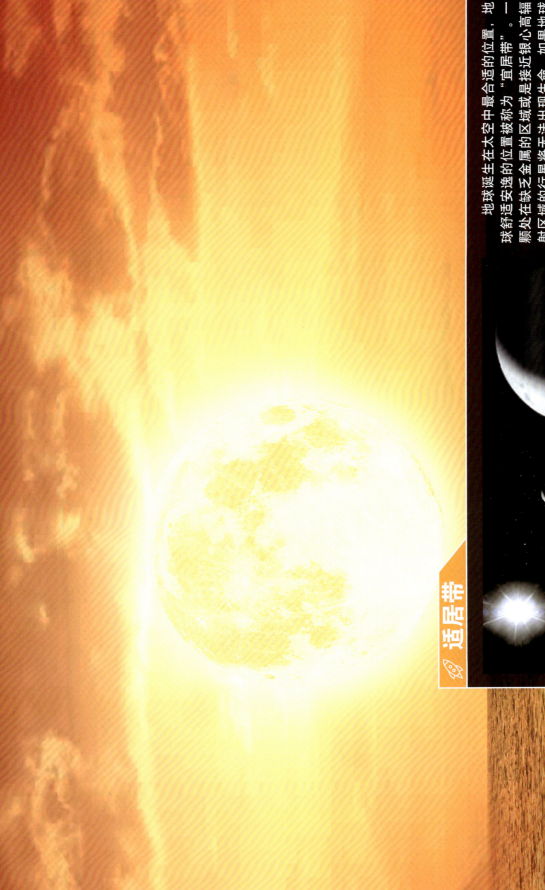

地球诞生在太空中最合适的位置，地球舒适安逸的位置被称为“宜居带”。一颗处在缺乏金属的区域或是接近银心高辐射区域的行星将无法出现生命。如果地球像水星和金星那样距离太阳很近，那它将会因为温度太高而没有液态水。如果像火星距离太阳那么远，又会因为温度太低而无法出现生命。而地球恰巧在一个距离适宜的狭窄地带。长期接受太阳释放的稳定的能量，为生命提供充足的发展空间。

星际旅行

星际旅行是人类太空愿望的其中之一。但如今我们的技术还不能够实现这样的愿望，于是人们将这个愿望寄托于科幻作品，在影视作品中实现了星际旅行。但是宇宙太巨大了，即使是科幻作品也需要花费很大力气去填补这种巨大所产生的空洞感。在如此浩瀚的宇宙中旅行，我们需要具备哪些条件？首先，宇宙飞船的技术需要有突破性的进展；第二，能源需要更加进步，星际旅行是极其消耗能源的；第三，星际旅行需要花费很长时间，但是人类的寿命是有限的，人类的寿命需要有所突破。这些听起来都很难实现，人类目前确实并不符合实现星际旅行的条件，不过在不远的将来，当科技更加发达，人类很有可能突破难关，实现星际旅行。

黑洞能量

我们通过科幻小说也能得到一些启发，比如黑洞引擎。我们利用人造的黑洞来为引擎提供动力，黑洞能量并不来自它的质量，而是产生于光。根据爱因斯坦的广义相对论我们能够得到，足够能量密度的激光束汇聚于极小的一个区域，则可以扭曲这个区域的时空构造，产生一个奇点，这便是由能量激发出的黑洞。

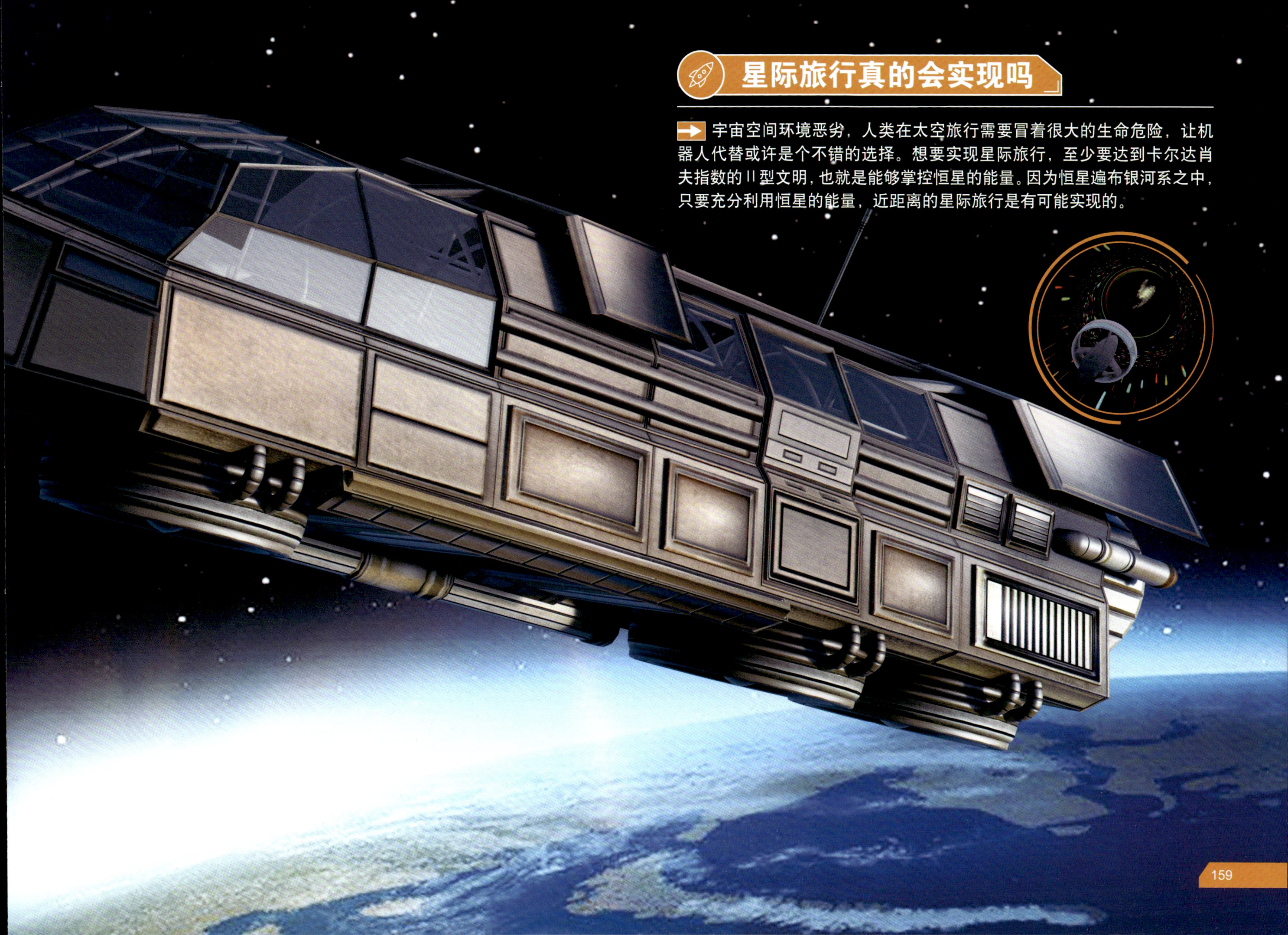

星际旅行真的会实现吗

宇宙空间环境恶劣，人类在太空旅行需要冒着很大的生命危险，让机器人代替或许是个不错的选择。想要实现星际旅行，至少要达到卡尔达肖夫指数的 II 型文明，也就是能够掌控恒星的能量。因为恒星遍布银河系之中，只要充分利用恒星的能量，近距离的星际旅行是有可能实现的。

图书在版编目（CIP）数据

星际探索 / 赵冬瑶，韩雨江，李宏蕾主编．-- 长春：吉林科学技术出版社，2023.3
（宇宙探索大揭秘 / 韩雨江主编）
ISBN 978-7-5578-9588-4

Ⅰ．①星… Ⅱ．①赵… ②韩… ③李… Ⅲ．①宇宙－儿童读物 Ⅳ．①P159-49

中国版本图书馆 CIP 数据核字（2022）第 154546 号

YUZHOU TANSUO DA JIEMI

宇宙探索大揭秘

XINGJI TANSUO

星际探索

主　　编　赵冬瑶　韩雨江　李宏蕾
绘　　画　长春新曦雨文化产业有限公司
出 版 人　宛　霞
责任编辑　朱　萌　丁　硕
封面设计　长春新曦雨文化产业有限公司
制　　版　长春新曦雨文化产业有限公司
选题策划　长春新曦雨文化产业有限公司
美术设计　孙　铭　徐　波　于岫可　付传博
数字美术　李红伟　李　阳　许诗研　贺媛媛　付慧娟　曲思佰　赵立群
　　　　　马俊德　王梓豫　贺立群　边宏斌　刘　伟
文案编写　惠俊博　冯奕轩

幅面尺寸　210 mm×285 mm
开　　本　16
字　　数　172 千字
印　　张　10
印　　数　1-6000 册
版　　次　2023 年 3 月第 1 版
印　　次　2023 年 3 月第 1 次印刷
出　　版　吉林科学技术出版社
发　　行　吉林科学技术出版社
地　　址　长春市福祉大路 5788 号
邮　　编　130118
发行部电话 / 传真　0431-81629529　81629530　81629531
　　　　　　　　　81629532　81629533　81629534
储运部电话　0431-86059116
编辑部电话　0431-81629518
印　　刷　吉林省吉广国际广告股份有限公司
书　　号　ISBN 978-7-5578-9588-4
定　　价　88.00 元